이 국 적 인

국내여행지 64

my best travel spot

이국적인 국내여행지 64

—

2022년 3월 30일 1판 1쇄 발행
2024년 1월 10일 1판 8쇄 발행

—

지은이 이환수(한스포토)
펴낸이 이상훈
펴낸곳 책밥
주소 03986 서울시 마포구 동교로23길 116   3층
전화 번호 02-582-6707
팩스 번호 02-335-6702
홈페이지 www.bookisbab.co.kr
등록 2007.1.31. 제313-2007-126호

—

기획 박미정
디자인 디자인허브

—

ISBN 979-11-90641-70-8 (13980)
정가 17,000원

책밥은 (주)오렌지페이퍼의 출판 브랜드입니다.

이 국 적 인

국내여행지 64

my best travel spot

이 환 수 （ 한 스 포 토 ） 지 음

책밥

머리말 | 언젠가 이탈리아 베니스 사진을 본 적이 있다. 아름다운 풍경은 마음 깊이 각인되었고 그래서인지 나의 이탈리아 여행은 베니스에서 시작되었다. 밤 늦게 도착한 베니스는 불빛이 영롱하게 반사되어 몹시 아름답게 느껴졌다. 복잡한 도시에 비해 나의 해외여행은 너무 서툴렀지만, 그것이 도시를 감상하는 데 문제가 되지는 않았다. 가기 전에 가지고 있던 기대감과 실제로 보고 느낀 감상들이 묘하게 섞이는 기분이랄까? 사진 속 정확한 장소는 결국 찾을 수 없었지만, 사진을 보고 매료된 순간부터 실제로 그곳에 방문할 때까지 모든 시간이 나에게는 여행이었던 것 같다.

한 장의 사진에서 여행이 시작된 경험은 누구에게나 있으리라 생각한다. 사진만큼 극적이지 못한 풍경에 실망하는 경우도 더러 있지만 대부분은 자신만의 시선으로 보고 아름답게 기억한다. 사진은 촬영한 사람이 당시 보고 느낀 감정을 함께 담을 수 있다. 그것이 사진을 보는 사람에게 전달되어 같은 감정을 느끼기도 하고 보는 사람에 따라 다양하게 기억되기도 한다. 내가 여행하며 느낀 좋은 감정을 사진을 통해 공유하고 또 내 사진을 보고 여행하게 된 사람들이 각자 소중한 기억을 가지기를 기대한다. 그것이 내가 사진을 찍고 여행지와 함께 소개하는 이유이다.

몇 년 전 한창 해외여행에 관심이 생겼을 때 코로나가 시작되었다. 해외여행에 대한 갈망이 쌓이다 보니 자연스럽게 이국적인 장소를 찾아다니게 되었다. 이 책은 그중 가장 인상적이었던 여행지 49곳과 카페 15곳을 좋았던 순으로 정리한 것이다. 사람마다 이국적인 여행지에 대한 평가가 조금씩 다를 수 있다. 이색적인, 좀처럼 보기 힘든 풍경이라 생각하면 조금은 너그럽게 바라볼 수 있을 것이다.

끝으로 이 책을 위한 많은 여행을 함께해 주고 부족한 사진을 아낌없이 지원해 준 선재 누나와 재신에게 깊은 감사의 마음을 전한다.

(강선재 : @ssunday_k, 박재신 : @siniple)

이환수 드림

차례

1

풍경이 아름다운 이국적인 국내여행지

2

테마별로 떠나는
이국적인
국내여행지

여행에도 취향이 있어요. 좋아하는 여행 스타일에 따라 여행지를 선택해 보세요!

이국적인 분위기가 물씬

건축 여행

역사와 문화가 있는

문화재 여행

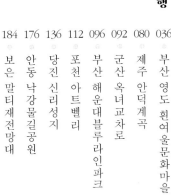

그날의 바람과 온도를 기억해

자연과 힐링 여행

시원한 뷰를 찾아서

산 여행

계절별로 떠나는 이국적인 국내여행지

사랑받는 여행지라도 가장 아름다운 계절이 있어요. 각 여행지에 맞는 아름다운 계절을 찾아 떠나요!

지역별로 떠나는 여행지

가까이에 있는 여행지를 한눈에 보고 코스를 짜보세요!

여름

겨울

사계절

풍경이 아름다운

이국적인
국내여행지

my best travel spot

주소 충청북도 옥천군 군북면 방아실길 255 수생식물학습원
운영 시간 하절기 10:00~18:00, 동절기 10:00~17:00, 매주 일요일 휴무(1~2월 휴관)
입장료 일반 6,000원, 영아 36개월 미만 무료, 유아(3세-7세) 3,000원, 학생(초·중·고)
4,000원, 경로(65세 이상)·국가유공자 5,000원, 단체(30명 이상) 5,000원
가는 법 대전역 → 중앙시장 정류장에서 62번 버스 → 방아실 정류장 하차 → 도보 20분

—

옥천에 있는 수생식물학습원은 유럽풍 건물과 대청호를 바라보며 산책할 수
있는 정원을 갖추고 있다. 독특한 건물 때문에 유럽 어느 마을에 온 것 같은
기분이 드는 곳이다. 설립 목표가 회복, 치유에 있다고 하는 만큼 사람들의 지
친 마음을 충분히 달래줄 수 있을 것 같다. 조금 들어가면 덩굴로 뒤덮인 고풍
스러운 카페(cafe the lake)가 있는데 야외 테라스에서 대청호를 바라보며 음료
를 마실 수 있고 2층 카페 안에서는 창문으로 호수를 조망할 수 있다. 호수와
맞닿은 절벽 위에는 유럽의 작은 성을 연상

시키는 건물이 있는데 '달과 별의 집'이라 이
름하고 있으며 건물의 외관과 어우러지는 풍
경이 아름다워 수생식물학습원의 트레이드
마크가 되었다.

산책하다 보면 십자가를 달고 있는 앙증맞은
건물을 볼 수 있다. 이것은 세상에서 가장 작
은 교회당으로 들어가면 작은 창에 대청호가
보이고 기도할 수 있는 공간이 있다.

세상에서 가장 작은 교회당

이국적인 건물을 찾는 것뿐만 아니라 둘레길을 산책하며 바라보는 풍경도 이곳의 감상 포인트이다. 둘레길은 대청호를 끼고 절벽으로 이어지기도 하고 정원 한가운데를 가로지르기도 한다. 복잡한 것 같지만 어떻게 가도 서로 연결되어 있으니 염려하지 말고 발길 닿는 대로 가보자! 곳곳에 생각지도 못한 포인트가 있다.

이 외에도 수생식물들을 관찰하고 학습하는 체험학습코스, 내적 치유와 정서적인 변화를 체험하는 학습공동체, 다양한 식물들을 볼 수 있는 온실 등도 볼거리이다.

tip

1. 반드시 예약해야 입장할 수 있다. 예약 방법은 홈페이지(waterplant.or.kr)나 전화(010-9536-8956, 070-4349-1765, 043-733-9020)로 가능하다. 수생식물학습원에 있는 다른 건물은 실제로 사람이 거주하고 있거나 숙소로 활용되고 있으니 함부로 들어가거나 노크를 하지 말자.

2. 절벽에 있는 '달과 별의 집'은 전망대가 있다. 강심장만 올라갈 수 있다는 표지판이 있는데 실제로 올라가는 것이 허용된다. 강심장이라면 전망대에 올라 대청호의 멋진 풍경을 바라볼 수 있다.

내부에 있는 카페(cafe the lake)

달과 별의 집 전망대

인 생 사 진 tip

카페 앞에는 계단으로 산책로가 이어져 있
다. 중간쯤 올라서면 카페의 이국적인 모습
을 배경으로 예쁜 사진을 남길 수 있다.

함 께 가 기 부소담악

옥천 9경 중 하나로 전국의 아름다운 하천
100선에 뽑힐 만큼 멋진 풍경이다. 가운데
에 있는 '추소정'이라는 작은 정자에 오르면
바위로 병풍을 둘러놓은 것 같은 풍경을 볼
수 있다.

주소 충청북도 옥천군 군북면 환산로 518
(추소정)

주소 경상남도 하동군 청암면 삼성궁길 2
운영 시간 4월~11월 08:30~17:00, 12월~3월 08:30~16:30
입장료 어른 8,000원, 청소년 5,000원, 어린이 4,000원, 우대·장애인·유공자 5,000원
전화 055-884-1279
—

차로 산길을 굽이굽이 올라가야 하지만 색다른 여행지를 찾는다면 빼놓을 수
없는 곳이다. 환인, 환웅, 단군을 모시는 성전인데 원래는 무예를 닦는 수도장
이었다. 특이한 문양과 조각, 끝없이 이어진 돌담길, 무수한 돌탑과 솟대, 에
메랄드빛 연못 등으로 이국적인 정취가 물씬 난다. 궁에 들어서면 가장 눈에
띄는 것이 바로 '돌'이다. 수많은 돌이 벽과 건축물을 이루고 있어 압도적인 분
위기를 연출한다. 이 산의 돌을 모두 삼성궁으로 가져온 것은 아닐까?

산길을 따라 조금 더 올라가면 작은 연못이
나오는데 다른 세상 속으로 들어온 것 같은
풍경이다. 에메랄드빛 연못이 있는 이 풍경
은 삼성궁의 대표적인 곳이다. 큰 돌 몇 개가
연못을 둘러싸고 있어 이 돌 중 하나에 앉아
사진을 찍으면 해외 어느 성에 들어온 것 같
은 착각을 불러일으킨다. 가운데 있는 나무
가 인상적인데 가을에는 붉게 물들어 색다른
느낌을 자아낸다.

삼성궁 위쪽에서 바라본 연못과 나무

돌담길을 따라 산길을 더 올라가면 앞의 연못과는 또 다른 연못이 있다.

두 번째 연못에 있는 건물

tip

관람하는데 2시간 정도 소요되며 산길과 함께 형성되어있기 때문에 사람에 따라 조금 힘든 걸음이 될 수 있다. 중간에 매점이나 화장실이 없으니 입구에 있는 시설을 이용한 뒤 입장하자.

삼성궁 가는 길

인생사진 tip

연못을 둘러싼 큰 돌에 앉으면 조금씩 배경이 바뀌기 때문에 저마다 각각 다른 느낌이 난다. 취향에 맞게 하나씩 골라 사진을 찍어보자.

함께 가기 최참판댁

드라마 토지를 비롯하여 여러 드라마와 영화를 촬영한 세트장이다. 조선 시대 후기의 모습을 잘 담고 있는 한옥과 고즈넉한 경치를 볼 수 있어 하동의 대표적인 여행지로 꼽는다. 한옥 체험 숙박도 운영한다.

주소 경상남도 하동군 악양면 평사리길 66-7

함께 가기 하동 송림공원

1745년 강바람과 모래바람 피해를 막기 위해 소나무를 심은 곳이다. 섬진강 변에 있어 울창한 소나무 숲과 평화로운 강변의 풍경을 함께 볼 수 있고 14.8km에 달하는 섬진강 트레킹 코스가 있어 산책하기 좋다.

주소 경상남도 하동군 하동읍 광평리 440-5

주소 전라남도 순천시 승주읍 선암사길 450
운영 시간 07:00~19:00(동절기 18:00 마감)
전화 061-754-5247~5953 팩스 061-754-5043
입장료 일반 3,000원, 군인·학생 1,500원, 어린이 1,000원
주차료 소형 2,000원, 대형 3,000원
가는 법 순천역 터미널 → 1번 버스(선암사행, 약 1시간 소요, 40분 배차 간격) → 선암사 하차
etc 반려동물 출입금지
—

4월 중순쯤 겹벚꽃이 피기 시작하는 선암사는 꽃이 만개하면 말로 설명하기 어려운 장관이 펼쳐진다. 전국에는 겹벚꽃으로 유명한 사찰이 몇 군데 있는데 서산의 개심사·문수사, 경주의 불국사, 천안의 각원사 등이 그것이다. 하지만 꽃의 크기나 색, 벚나무와 사찰과의 배치, 올라가는 숲길의 분위기 등을 고려했을 때 단연 선암사가 최고라 하겠다. 남쪽부터 꽃이 피기 시작하니 부지런히 움직인다면 2주 정도 기간을 두고 앞서 말한 곳을 모두 갈 수 있을 것이다.

선암사에 도착해서 조금 들어가면 풍성한 겹벚꽃 가지가 늘어져 군데군데 사찰을 가리고 있다. 연못과 골목, 심지어 일반인의 출입이 금지된 곳에도 겹벚나무들이 있다. 한눈에 봐도 세월의 흔적을 느낄 수 있다.

선암사는 템플스테이를 운영한다. 이용 시간이 따로 있기 때문에 더 머물고 싶다면 시기를 잘 맞춰 템플스테이를 경험해 보는 것도 좋겠다. 템플스테이는 365일 운영하며 1박~3박까지 체험할 수 있고 다양한 자연 친화적 프로그램이 준비되어 있다. 부담 없는 가격으로 천천히 머물러 봐도 좋을 것 같다.

선암사 올라가는 산길

겹벚꽃 외에도 선암사까지 가는 산 길도 빼놓을 수 없다. 가는 길에는 멋진 나무들이 터널을 이루고 있어 깊은 산으로 들어가는 느낌이다. 길이 완만해서 전혀 힘들지 않고 마음마저 편안해진다.

tip

거의 도착할 때 즘에 아치형 다리가 보이는데 보물 제400호인 승선교이다. 이 다리는 조선시대에 만들어졌는데 우리나라에 남아있는 무지개다리 중 가장 자연스럽고 우아하다. 반원형을 이루고 있어 물에 비치면 완전한 원형이 만들어 지고 그 사이로 강선루가 보인다.

승선교와 강선루

인 생 사 진 tip

겹벚꽃나무가 워낙 풍성해서 나무 근처로 가면 가지들이 머리 위로 뻗어 나온다. 꽃나무를 머리 위 지붕처럼 생각해 사진을 찍으면 예쁜 사진을 얻을 수 있다.

주소 경상남도 남해군 상주면 보리암로 691

운영 시간 07:00~18:00

입장료 개인 1,000원, 단체 800원(현금, 계좌이체만 가능) 초·중·고 무료(학생증 소지)

주차료 경형 2,000원, 중·소형 5,000원, 대형 7,500원

가는 법 남해시외버스터미널에서 상주·미조행 버스 → 복곡 1주차장 하차 후 마을버스 → 복곡 2주차장 하차 → 금산산장까지 도보 30분

etc 반려동물 출입금지(한려해상국립공원)

—

금산산장은 금산의 정상(해발 681m)과 가까운 곳에 있어 탁 트인 해안 풍경을 감상할 수 있다. 이곳이 특별한 이유는 산장이 절벽 위에 지어져 있어 멋진 풍경을 바라볼 수 있기 때문이다. 대부분의 방문객은 여기에서 컵라면과 파전을 시켜 먹는데 산에서 경치를 보며 먹는 컵라면은 어떤 산해진미와도 비교할 수 없다.

금산산장까지 가기 위해서는 복곡 제2주차장에 주차를 하고 3~40분가량을 걸어 올라가야 한다. 하지만 주말과 공휴일에는 제2주차장이 만차되어 30분 이상 대기해야 하는 경우가 많다. 제2주차장까지 가는 도로가 조금 험난한데 제1주차장에 주차하고 마을버스를 타고 2주차장으로 가는 방법도 있다. 이 경우 2,500원의 왕복 마을버스 비용이 추가된다.

금산산장에 도착하면 먼저 산장 안쪽을 살펴보자. 안쪽에 테이블이 2개 있는데 이 자리가 인기가 많다. 입구보다 더 높고 전망 좋은 곳에 자리 잡고 있으니 먼저 확인하는 것이 좋다.

입구 앞 자리의 전경

안쪽 테이블 전경

(함 께 가 기) **보리암**

금산산장을 간다면 보리암은 꼭 함께 가야 한다. 여기에서 조망하는 남해의 절경과 일출이 유명하기 때문에 사람들이 꾸준히 찾는다. 두 곳의 거리는 도보로 15분 정도! 보리암은 우리나라의 3대 기도처 중 하나이며 양양 낙산사 홍련암, 강화군 석모도 보문사와 함께 한국 3대 관세음보살 성지로 꼽힌다.

주소 경상남도 남해군 상주면 보리암로 665(상주리 2065)

주소 부산광역시 영도구 영선동4가 605-3
전화 051-403-1861~2, 051-403-1863
입장료, 운영시간 없음
가는 법 지하철: 남포역(6번 출구) → 6, 9, 82, 85, 7, 71, 508번 버스 → 흰여울문화마을 하차 ◦ 버스: 영도다리 입구 → 6, 9, 82, 85, 7, 71, 508번 버스 → 흰여울문화마을 하차
—

산기슭에서 떨어지는 물줄기가 흰 눈이 내리는 것 같다 해서 붙여진 이름 '흰여울길' 그리고 그 곳에 있는 부산 바다가 훤히 보이는 해안마을. 아기자기한 골목과 시원하게 펼쳐지는 바다 전경은 부산에 오면 왜 이곳을 꼭 가야 하는지 알려준다. 다양한 색으로 칠한 건물과 하얀 외벽은 다른 여행지에서는 찾기 힘든 신선한 느낌을 준다. 바다가 한눈에 보이는 좁다란 골목을 걸어갈 수 있

고 절영해안산책로를 따라 걷는 것도 좋다. 골목을 걸으면 다양한 가게와 예쁜 카페를 많이 볼 수 있다. 심지어 상가로 사용되지 않는 건물도 하나하나가 운치 있고 특색 있다. 대부분 바다를 향해 지어졌기 때문에 어디로 들어가도 바다를 조망할 수 있다. 지금은 관람할 수 없지만, 영화 '변호인'의 촬영지였던 건물도 골목 한곳에 있다.

단색으로 칠한 건물

노을 지는 흰여울문화마을의 골목

해안산책길

tip

흰여울 해안터널을 지나면 또 다른 해변이 나온다. 높은 절벽으로 둘러싸인 해변이 터널 밖으로 펼쳐지기 때문에 완전히 다른 공간처럼 느껴진다. 해안 산책로와는 다르게 벽이 없이 온전히 바다를 즐길 수 있으니 여유가 되면 이곳까지 보고 갈 것을 추천한다.

해안터널을 지나면 나오는 해변

인생사진 tip

첫 번째 인생 사진 명소는 흰여울 해안터널 입구이다. 푸른 바다와 방파재, 부산의 건물을 배경으로 동굴 샷을 찍을 수 있다. 두 번째는 터널 입구에서 무지개 계단을 올라가면 보인다. 푸른 바다와 배를 배경으로 예쁜 사진을 찍어보자. 마지막은 흰여울 전망대이다. 계단을 올라야 하지만 사진찍기 좋다.

흰여울 해안터널 입구

무지개 계단에 올라가서 바라본 모습

함께가기 다대포해수욕장

부산의 대표적인 노을 명소인 다대포해수욕장은 시간대가 잘 맞으면 잔잔하게 젖은 모래사장이 하늘을 반사해 온통 붉게 물든 풍경을 볼 수 있다.

주소 부산광역시 사하구 다대동
(다대포해수욕장역 4번 출구에서 도보 3분)

주소 대전광역시 서구 장안로 461

입장료 없음

숲속어드벤처 운영 시간 09:00~18:00(7월~8월 19:00까지, 11월~2월 17:00까지)

가는 법 대전역(4번 출구) → 도보 6분 → 목척교 정류장 → 20번 버스 → 장태산자연휴양림 하차

—

곧게 뻗은 메타세쿼이아 나무가 숲을 이루고 있는 장태산자연휴양림. 그 숲 사이에 스카이웨이가 있는데 거기에서 바라보는 전경은 장태산자연휴양림만이 가진 특별한 경관이다. 피톤치드가 가득한 이곳에서 이 경관을 감상하고 산림욕을 즐기기 위해 매년 많은 사람이 방문하고 있다. 이곳은 사계절 모두 멋진 풍경을 자랑하지만, 그중에서도 붉게 물든 가을은 매우 이국적인 경관을 자아낸다. 특히 360도로 걸어 올라갈 수 있는 스

카이 타워에서 내려다보면 또 다른 매력을 느낄 수 있다.

이처럼 장태산자연휴양림은 아래, 중간, 위 다양한 시각으로 관람할 수 있는 시설이 마련되어 있어 더욱 매력적이다. 단순히 구경한다기보다는 숲을 구석구석 느끼고 간다는 표현이 잘 어울린다.

tip

장태산자연휴양림이 잘 보이는 전망대는 크게 세 군데가 있다. 숲속 어드벤처 스카이웨이를 통해 가는 스카이타워 전망대, 약 1km 정도 등산해야 하는 장태루전망대, 그리고 40쪽 사진이 촬영된 전망대는 10분이면 올라갈 수 있는 곳이나 길 찾기가 조금 어렵다. 하지만 포기하지 말고 휴양림 후문 장태산 둘레길을 따라 걸어가 보자. SNS에서 가장 유명한 사진 스폿에 도착할 수 있다.

인 생 사 진 tip

스카이타워 전망대에서 스카이웨이를 내려
다보며 사진을 찍으면 나무와 함께 예쁜 구
도로 사진을 찍을 수 있다. 꼭대기에서 한두
층 정도 내려와서 찍어야 베스트 사진을 얻
을 수 있다.

주소 충청남도 논산시 벌곡면 한삼천리 309
입장료 없음

—

한 바퀴를 도는데 30분이 채 걸리지 않을 정
도로 작은 규모지만 푸른 연못과 동화 같은
별장이 아름다워 입소문을 타고 유명해진 곳
이다. 관리사무소나 편의시설 등이 없어 다
른 휴양림과는 사뭇 다르다. 입구도 잘 표시
되지 않아 얼마 전까지만 해도 사람들이 잘
모르는 숨겨진 숲이었다. 들어가는 길도 자
연 그대로이기 때문에 긴가민가할 수 있지
만 조금 걸어 들어가면 초록빛 수류지가 보

인다. 메타세쿼이아 나무와 유럽풍 나무별장이 반영으로 비치는 풍경 때문에
한국의 할슈타트라는 애칭이 붙었다. 뒤쪽으로는 메타세쿼이아 숲길과 계곡
이 함께 형성되어 있어 조용히 걸으며 사색하기 좋다. 붉게 물든 단풍나무와
메타세쿼이아 나무때문에 가을철 여행지로 손꼽힌다.

tip

주변이 산으로 둘러 쌓여있어 아침 일찍이나 해질 녁에는 해가 산에 가려 비교적 어둡다.
한낮에는 빛도 잘 들어오고 가운데 있는 호수가 빛을 받아 더욱더 푸르게 보이기 때문에
호수에 빛이 들어오는 10시~14시 사이에 방문할 것을 추천한다.

수류지 입구

휴양림 내부에 있는 별장

 tip

호수와 별장이 배경으로 다 나오게 찍는 것이 대표적인 사진 구도이다. 입구에서 조금 올라가다 보면 호수 밑으로 들어갈 수 있는 샛길이 있는데 촬영은 위에서 하되 사람은 아래에 내려가 촬영하면 좋다.

주소 전라남도 담양군 담양읍 객사7길 37
주차장 전남 담양군 담양읍 객사리 162-1(관방제림 공영주차장), 전남 당양군 담양읍 객사리(담양 국수거리 주차장)
가는 법 담양공용버스터미널 → 311번 버스 → 관방제림 정류장 하차
—

메타세쿼이아 나무 길, 죽녹원, 떡갈비가 유명한 담양에서 꼭 가야 하는 가을 스폿을 꼽으라면 망설임 없이 관방제림을 말할 것이다. 다른 곳과는 비교할 수 없는 독특한 매력이 있기 때문이다. 11월이 되면 영산강을 따라 줄지어 있는 나무들이 알록달록하게 물들어 강변에 있는 낮은 울타리와 함께 유럽 감성을 느끼게 한다.

이렇게 예쁜 산책로의 역사는 조선 시대로 거슬러 올라간다. 조선 인조 때 수해를 막기 위해 둑을 쌓고 나무를 심고, 철종에 이르러 연인원 3만 명을 동원해 숲을 조성한 것이 지금의 관방제림이다. '관방제'라는 이름은 관비로 쌓은 둑이라는 뜻이다. 제방에는 추산 수명 200년 이상 된 나무들이 2km에 걸쳐 거대한 풍치림을 이루고 있는데, 오래된 나무는 300~400살이 다 되었다고 한다. 현재 푸조나무, 느티나무, 팽나무 등 7종 177주가 천연기념물로 지정되어 보호수로 관리되고 있다.

tip

관방제림이 시작하는 지점과 끝나는 지점에 죽녹원과 메타세쿼이아 나무 길이 있다. 이 세 곳은 서로 연결되어있는 담양 수목 길인데 거리가 약 8km 정도이며 두 시간 반이면 걸을 수 있다. 걷기가 부담된다면 관방제림 근처나 담양군청에서 자전거를 대여해 다니는 것도 좋다.

하늘에서 바라본 관방제림

인 생 사 진 tip

단풍나무, 강물, 데크 길이 함께 나오게 찍으면 멋진 사진을 촬영할 수 있다. 특히 울타리가 낮은 데크 길이 포인트인데 여기 서서 나무와 강을 배경 삼아 사진을 찍어보자.

함 께 가 기 죽녹원

관방제림이 시작되는 향교로 바로 옆에는 대나무가 빽빽이 숲을 이루는 죽녹원이 있다. 초여름부터 가을까지는 대나무의 광합성이 활발해 죽림욕을 하기 좋다.

주소 전라남도 담양군 담양읍 죽녹원로 119

주소 경기도 안성시 공도읍 대신두길 28

운영 시간 10:00~18:00(6~8월, 주말 및 공휴일 20시까지, 발권마감 17:30)

전화 031-8053-7979

입장료 대인 15,000원, 소인 13,000원(체험프로그램 요금 별도)

가는 법 버스: 공도시외버스터미널 → 택시 → 안성팜랜드 ⑧ 기차: 평택역 → 50번, 70번(안성행) 버스 → 공도시외버스터미널 하차(택시 이용) → 안성팜랜드 하차

—

드넓은 초지와 꽃밭, 독특한 건물, 홀로 서 있는 미루나무 등 안성팜랜드는 매우 이국적인 풍치를 가지고 있다. 산지가 많은 우리나라에서 넓은 꽃밭과 초원을 보기 쉽지 않은데 이곳은 40만 평의 초지에 계절별로 다양한 꽃이 핀다. 천천히 걸으며 힐링하기 안성맞춤이지만 넓은 산책길이 힘에 부친다면 3~4인이 탈 수 있는 전동자전거를 타고 둘러보자.

안성팜랜드에는 꽃밭을 거니는 것 외에도 무척 다양한 즐길 거리가 있다.

25개 품종 800여 두의 가축과 함께하는 먹이주기 체험과 아이들이 매우 좋아하는 가축공연도 있다. 특히 선진 애견문화 창출을 위해 반려동물과 함께하는 파라다이스 독은 수영장과 2,000평 규모의 천연잔디 운동장이 있어 인기가 많고 그 외에도 아이와 함께 탈 수

있는 카트 경주장, 낙농 체험관, 피자 만들기 체험관, 미디어미술관 등이 있어서 한 번 방문으로는 부족하다.

목초지에 방목된 소들

(함 께 가 기) **안성팜랜드의 목조건물**

안성팜랜드 바깥쪽도 넓은 초원이 많은데 그사이에 독특한 목조건물 한 채가 있다. 드라마 '빠담빠담'의 세트장으로 쓰인 이 건물은 많은 사진사가 찾는 명소다. 비교적 낮은 지대에 가까이 흐르는 강의 영향으로 일출 때는 안개가 자욱이 깔리기도 한다.

주소 경기도 안성시 공도읍 웅교리 산 26

tip

봄에는 유채꽃, 여름은 해바라기와 황하 코스모스, 가을은 코스모스, 겨울에는 시기를 잘 맞춰 간다면 광활한 대지가 눈으로 덮인 풍경을 볼 수 있다. 안성팜랜드 공식 인스타그램에서 날짜와 함께 주기적으로 풍경을 업로드하고 있으니 참고하자.

(인스타그램 @nhasfarmland)

유채꽃이 한창인 안성팜랜드의 봄

핑크뮬리가 핀 안성팜랜드의 가을

해바라기가 가득한 안성팜랜드의 여름

주소 강원도 평창군 미탄면 백운리 452-14
전화 033-330-2771(평창군 종합관광안내소)

—

차박의 성지라고 불리는 육백마지기는 7월이 되면 샤스타데이지가 만개한다. 그 덕에 차박뿐만 아니라 여행지, 출사지로도 유명하다. '육백마지기'라는 이름은 볍씨 육백 말을 뿌릴 수 있는 곳이라는 뜻으로 그만큼 드넓은 평지라는 의미이다.

해발 1,256m의 청옥산에 위치한 평지에 도착하기 위해서는 구불구불한 길을 차로 한참 올라가야 한다. 막바지에는 포장도로가 끝나고 비포장도로가 아름다움을 만나기 위한 수고를 더한다. 하지만, 이 험한 길을 헤치고 꼭 가볼 만한 곳이다. 특히 7월에는 육백마지기를 가득 채운 샤스타데이지 때문에 그야말로 장관을 연출한다. 중간중간 사람이 편하게 다닐 수 있는 길이 조성되어 있고 꽃이 많은 산 아래쪽에는 울타리가 없어서 사진도 예쁘게 찍을 수 있다. 꽃밭 가운데에는 육백마지기의 트레이드마크인 작은 건물이 있다. 교회처럼 보이는 이 조형물에는 안에 작은 의자가 놓여 있다. 이것을 배경 삼아 별 사진을 찍으러 많은 사람이 모인다.

tip

올라가는 길 막바지에는 비포장도로가 나온다. 자갈이 많고 울퉁불퉁한 경사길이기 때문에 차량 바닥이 낮다면 이 부분을 대비해 가는 것이 좋다.

인생 사진 tip

샤스타데이지와 가운데 있는 앙증맞은 건물을 함께 찍는다면 마치 외국에 온 것 같은 느낌을 줄 수 있다. 특히 건물이 성당을 연상하기 때문에 이곳에서 셀프웨딩 촬영을 하는 커플도 많다.

함께 가기 산너미목장 육십마지기

산너미목장은 육백마지기 근처에 있는 흑염소 목장으로 캠핑 및 차박을 운영하고 있다. 이 캠핑장과 이어지는 육십마지기는 가는 길이 험하지 않아 누구나 쉽게 멋진 풍경을 볼 수 있는 곳이다. 정상에는 데크가 놓여 인생 사진 스폿으로 유명하다. 캠핑을 이용하지 않으면 입장료(1인 6,000원)가 발생한다.

주소 강원도 평창군 미탄면 산너미길 210
(산너미목장)

○ 합천 황매산

주소 경상남도 합천군 가회면 둔내리 1319(황매산군립공원 입구)
주차장 경상남도 합천군 가회면 황매산공원길 331(황매산오토캠핑장)
입장료 없음
주차료 기본 4시간 3,000원, 1시간 추가시 1,000원
—

황매산은 철쭉이 피는 봄과 억새가 피는 가을이 유명하다. 5월 초순에는 보라색 철쭉이 군락을 이루고 10월 말에는 억새꽃이 산 전체를 뒤덮는다. 5월의 철쭉이 더 유명하지만 이번에 소개하는 황매산은 참억새가 가득한 가을 풍경이다. 가을이 되면 해발 900m의 능선을 따라 수십만 평 대지에 은빛 억새가 일렁인다. 군데군데 작은 나무들이 하나씩 서 있는데, 억새 사이에서 빛을 발한다.

보통 최단거리인 황매산오토캠핑장에 주차를 하고 등산을 하게 되는데, 이 경우 억새군락지까지 10분도 채 걸리지 않는다. 억새 군락지는 경사도 완만해 걷기가 매우 편하다. 억새평원에서 정상까지는 1시간가량을 더 가야 하는데, 억새를 보러 왔다면 정상에 가지 않고도 충분히 즐길 수 있다. 억새 군락지를 한 바퀴 도는 데 약 두 시간 정도 소요되고 그 시간 동안 끝없이 억새가 반복되지만, 전혀 지루하지 않다. 황매산은 차로 쉽게 오를 수 있고 주변에 광해

(은하수나 별을 볼 때 방해가 되는 도시 불빛이나 인공적인 빛)가 없어 쏟아지는 별과 은하수를 볼 수 있는 곳이기도 하다.

tip

인파가 너무 많다 싶으면 황매산오토캠핑장에 주차하기 위해 기다리지 말고 조금 아래에 보이는 은행나무 주차장을 이용하자. 500m 정도 더 가야 하지만 여기에 주차하고 걸어 올라가는 것이 훨씬 빠르다.

인생 사진 tip

황매산에는 곳곳에 홀로 서 있는 나무들이
있다. 이 나무 중 하나를 배경 삼아 사진을
찍으면 조금 특별한 사진을 찍을 수 있다.

함께 가기 합천영상테마파크

1920년대~1980년대를 배경으로 하는 드
라마 세트장이다. 다양한 드라마, 영화, 광
고가 제작되었다. 내부가 상당히 넓고 다양
한 테마와 볼거리 때문에 합천에 간다면 꼭
방문할 것을 추천한다.

주소 경상남도 합천군 용주면 합천호수로
757

주소 전라북도 군산시 옥도면 대장도리 1(대장도)

가는 법 군산시외버스터미널 → 10, 11, 12번 버스 → 군산대 정문에서 99번 버스 환승 → 장자도 정류장 하차

—

산이 주는 멋진 경치를 감상하기 위해서는 그만큼 힘들게 등산해야 하지만 대장봉은 조금 다르다. 멋진 뷰를 가지고 있으면서도 해발고도가 매우 낮아 비교적 쉽게 올라갈 수 있기 때문이다. 대장봉은 전북 군산 고군산도 장자도에 있는 산으로 142m라는 해발고도가 믿어지지 않을 만큼 멋진 경치를 감상할 수 있다. 경사가 가파르지만, 등산 시간은 20분 정도면 충분하다. 정상에 다다르면 장자도와 무녀도, 선유도까지 고군산도를 한눈에 볼 수 있다.

등산로에 있는 목조건물

대장봉으로 가는 등산코스는 두 가지인데 장자도에서 대장도에 들어서며 좌우로 길이 나뉜다. 왼쪽으로 들어가면 서쪽 풍경을 구경하며 올라갈 수 있고 오른쪽으로 들어가면 할매바위와 함께 선유도 풍경을 감상할 수 있다. 왼쪽 코스는 일부 바위 구간이 있어 안전을 생각한다면 할매바위를 거쳐 가는 오른쪽 길이 계단도 잘 만들어져 있고 등산하기 수월하다.

tip

대장도는 차 없는 거리조성을 위해 차량 통행을 금지하고 있다. 주민이나 펜션 이용객이 아니라면 장자도에 주차하고 걸어 들어가야 한다. 대도까지 연결된 다리는 불과 100여 미터 밖에 되지 않으니 부담 없이 걸어가 보자. 장자도 관광안내소 근처에 공영주차장이 있고 식당과 카페 등은 대부분 이 근처에 있기 때문에 등산 후 허기진 배를 채우기에도 좋다.

인생사진 tip

정상의 풍경은 어떻게 찍어도 아름답다. 정상 이외에도 할매바위 루트 중간쯤에는 넓은 바위에 비교적 안전하고 사진이 잘 나오는 장소가 있다. 큰 바위가 바닥에 있어 눈에 잘 띄니 등산 중간에 쉬며 사진도 찍어보자.

함께가기 선유도해수욕장

멀리 보이는 우뚝 솟은 바위산(망주봉)이 조금 특별한 경관을 만들어 준다. 넓은 모래사장과 해안 데크 길, 집라인까지 있어 여름이면 많은 사람이 피서지로 방문하는 곳이다.

주소 전라북도 군산시 옥도면 선유도리 115-1

석조전

주소 서울특별시 중구 세종대로 99
운영 시간 09:00~21:00(매표마감 20:00), 매주 월요일 휴무
입장료 일반(만 25세~만 64세) 1,000원, 단체(10인 이상) 800원
—

과거와 현대가 공존하고 전통 목조건축과 서양식 건축이 공존하는 덕수궁.
조선 말기에 궁궐로 갖추어 졌지만 이러한 점들이 덕수궁을 특별하게 만든
다. 대한문을 들어서면 다른 궁궐과 비슷하게 한옥 건물로 시작하지만 뒤쪽
석조전과 유럽식 정원에 도착하면 외국에 온 것 같은 느낌이 든다.

석조전은 유럽 궁전건축양식을 따라 건축되었는데, 당시 건축된 서양식 건물
중 가장 규모가 크다. 황실 처소로 이용되었으며 전쟁이후 박물관, 전시관 등
으로 사용되면서 훼손이 많아져 2009년 10월부터 복원공사를 진행했다. 공사
후 2014년 10월 '석조전 대한제국역사관'으로 개관하였다. 바로 옆에는 석조
전과 연결된 서관이 있는데 로마건축양식으로 지어졌다고 한다. 석조전 내부
관람은 인터넷을 통한 사전예약이 필요하며 사회적 거리두기 단계에 따라 인
원과 입장이 제한된다.

정관헌 또한 서양식 건물인데 연회
와 접견을 위해 사용되었고 한다. 다
른 건축물과는 다르게 서양식 구조
에 조선 전통 양식을 가미한 독특한
형태를 보이는 것이 특징이다.

정관헌

여름이 되면 석조전 앞의 큰 배롱나무에 꽃이 핀다. 이때가 석조전을 가장 예쁘게 담을 수 있는 시기이다.

석조전 우측에 있는 건물

과거 석조전 서관이었던 국립현대미술관

석조전과 정원은 좌우 대칭으로 지어졌다. 정원 앞에는 벤치와 쉼터가 있는데 쉼터 울타리 앞에서 대칭을 잘 맞춰 석조전을 배경으로 사진을 찍어보자.

함께 가기 대한성공회 서울주교좌성당

로마네스크 양식에 한국전통 건축 기법이 어우러진 아름다운 성당이다. 유럽식 건물이 고층 빌딩 사이에 둘러쌓여 특별한 느낌을 준다. 경운궁 건물인 양이재도 함께 위치해 있으니 한꺼번에 방문하기 좋다.

주소 서울특별시 중구 세종대로21길 15

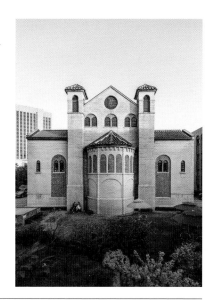

주소 경기도 수원시 팔달구 동수원로 399
운영 시간 매일 09:00~22:00(휴무 없음)
입장료 없음
가는 법 수원시청역(수인분당선, 9번 출구) → 92번 버스 → 자유총연맹 하차 → 도보 1분
―

수원 효원공원 안에는 월화원이라는 특별한 공간이 있는데 중국 양식의 건물이다. 2006년 개장한 이곳은 경기도와 광둥성이 우호 교류를 위해 상대 도시에 자신들의 전통 정원을 짓기로 협약을 맺고 지은 건물이다. 이곳은 중국 광둥 지역의 전통 건축양식을 본떠 중국 노동자 80명이 지었다.

수원 하면 보통 도심에 있는 수원화성을 많이 떠올리지만, 화성과 함께 독특한 매력이 있는 월화원 또한 수원의 관광지로 알려져 있다. 입구부터 느껴지는 이국적인 느낌은 안쪽으로 들어가면 더 크게 다가온다. 중국에서 직접 건축해서인지 꼼꼼히 신경 쓴 디테일이 눈에 띈다. 창문의 모양과 곳곳에 있는 문양, 전등까지 중국을 그대로 옮겨놓은 것 같다. 드라마 '보보경심려'의 촬영지이기도 하다.

여러 공간이 벽으로 나뉘어있고 공간마다 각각의 특색이 있다. 가장 중심이

되는 건물은 부용사인데 연꽃 안에 있는 정자라는 뜻이다. 내부를 보면 차를 마시며 담소를 나눌 수 있는 공간이 있는데 이 공간은 개방하지 않고 밖에서만 볼 수 있다. 공간들이 이어지는 복도뿐만 아니라 건물 내부, 야외에도 벤치가 있어 산책하다가 휴식하기 좋다. 곳곳에 보이는 특이한 문양과 창문은 중국 무협지에서나 볼 법한 모양이다.

tip

효원공원은 산책로가 약 2km 정도이기 때문에 월화원을 보고 공원을 따라 한 바퀴 걸으면 좋다. 주차는 보통 효원공원 주변 도로에 있는 주차구역을 이용하는데 공간이 없을 때는 경기아트센터 주차장, 아울렛 주차장을 이용한다.

연못과 부용사

함께 가기 수원화성 둘레길

수원화성을 따라 걷기 좋게 산책로가 형성되어 있다. 특히 방화수류정에서 시작해 화성 동암문 쪽으로 성벽을 따라 걷는 것을 추천한다. 플라잉수원에서 운영하는 독특한 모양의 열기구를 볼 수 있고 야간에는 성곽을 따라 조명이 켜져 멋진 야경을 감상할 수 있다.

주소 경기도 수원시 팔달구 수원천로392번길 44-6

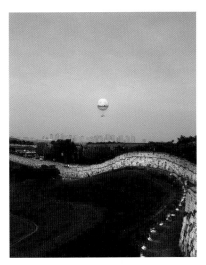

방화수류정

주소 울산광역시 울주군 상북면 이천리
전화 052-229-9590(간월재 휴게소)
사슴농장코스 주차장 울산광역시 울주군 상북면 이천리 120-19(배내2공용주차장)
가는 법 울산역(1번 출구) → 328번 버스 → 주암마을(사슴고개)에서 하차

—

간월재는 영남알프스를 대표하는 곳이다. 영남알프스는 경주의 접경지에 형성된 가지산을 중심으로 울산을 비롯해 경남의 양산, 밀양, 경북의 청도 등 해발 1천m 이상 되는 9개 산의 경관이 알프스와 견줄만하다 하여 붙여진 이름이다. 그중 간월재는 10월이 되면 해발 900m의 억새군락지가 은빛으로 물들어 전국에서 사람들이 몰려드는 가을 명소이다.

간월재를 가는 방법은 여러 가지가 있지만 6km 정도를 걸어가는 코스가 가장 인기가 많다. 이 코스는 배내골 인근에 있는 사슴농장에서부터 시작된다. 완만한 길과 산 둘레를 따라 걸어 올라가며 보이는 풍경 덕분에 초보자뿐만 아니라 가볍게 트래킹을 원하는 사람들이 선택하는 코스이다. 2시간 정도 걸으면 억새 평원이 보이는데 가운데에는 돌탑과 함께 간월재휴게소 건물이 있다. 과거에는 차량 진입이 가능했지만, 현재는 불가능하고 캠핑과 야영은 금지되었다. 돌탑이 있는 방향으로 걸어가면 신불산으로 길이 이어진다. 반대 방향

은 간월산 방면이며 중간에 전망대가 있어 억새평원을 한눈에 볼 수 있다. 간월재는 억새꽃이 가득 핀 가을에 가장 멋지다고 하는데, 해발 900m에 펼쳐진 평원은 억새가 아니더라도 즐기기에 충분하다. 봄과 여름에는 초록빛 수풀과 억새 줄기의 노란빛이 섞여 또 다른 풍경을 보여준다.

tip

앞서 소개한 배내골 인근에서 시작하는 최단코스 외에도 영남알프스 복합웰컴센터에서 시작하는 코스와 석남사에서 시작하는 방법 등 여러 가지 루트가 있어 소요 시간과 난이도에 따라 등산로를 정하는 것이 좋다.

함 께 가 기 **밀양댐 전망대**

밀양호의 멋진 전경을 한눈에 볼 수 있는 곳이다. 용암정이 가장 대표적인 전망대이지만
용암정을 향하는 길목 곳곳에 밀양호를 바라볼 수 있는 데크 길이 만들어져 원하는 곳 어
디서든 풍경을 감상할 수 있다.

주소 경상남도 밀양시 단장면 고례리 산 215-9(용암정)

주소 제주특별자치도 서귀포시 안덕면 일주서로 1524
전화 064-794-9001
—

여름이면 사람들이 더위를 피해 계곡을 찾지만, 제주 안덕계곡은 물놀이보다
는 다양한 볼거리가 있는 관광지에 가깝다. 제주도의 지형적 특성 때문에 평
소 자주 접하던 계곡과는 조금 다른 분위기로 다가온다. 숲길은 데크 길로 걷
기 쉽게 형성되어 있고 암반 구간도 흐르는 물이 많지 않아 쉽게 탐방할 수 있
다. 암반 구간은 다른 지방에서는 볼 수 없는 기이한 형태의 바위와 절벽으로
둘러싸여 있다. 작은 협곡을 지나는 이국적인 느낌 때문에 추노, 구가의 서 등
드라마 촬영과 스포츠 브랜드 K2 촬영지로도 이용되었다. 계곡은 여름에만
간다고 생각할 수 있지만, 안덕계곡은 독특한 형태 때문에 사계절 관광객의
발길이 끊이지 않는다.

산책로를 따라가다 보면 양쪽으로 기암절
벽이 병풍처럼 둘러싸여 있고 육지에서 쉽
게 볼 수 없는 조록나무, 후박나무 등 다양한
수종을 볼 수 있다. 이름표가 붙어있는 나무
도 있고 희귀식물도 쉽게 접할 수 있다. 3백
여 종의 식물이 분포해 있으며 난대 원시림
은 천연기념물 제377호로 지정되어 보호되
고 있다. 군데군데 탐라 시대 후기에 주거지

탐라시대 후기 집터

로 이용된 동굴도 보인다.

(tip)

태풍처럼 기상 조건이 안 좋을 때는 안전상
의 이유로 출입이 통제된다.

U자형 계곡과 올라가는 데크 계단

산방산

안덕계곡에서 차로 약 10분만 가면 산방
산이 있다. 2월 중순이면 산방산 앞에 유
채꽃이 피기 시작해 산방산과 유채꽃밭을
배경으로 멋진 사진을 찍을 수 있다.

주소 제주특별자치도 서귀포시 안덕면
사계리 148-1

tip

안덕계곡을 따라가다 보면 마지막에 U자
형 계곡과 올라가는 데크 계단이 있다. 이
계단 중간쯤 올라가서 U자형 계곡을 배경
으로 사진을 찍으면 안덕계곡과 함께 멋진
사진을 담을 수 있다

주소 경기도 동두천시 천보산로 567-12

운영 시간 6월~9월 11:00~21:30, 10월~5월 11:00~21:00

입장료 20,000원

주차료 5시간 3,000원, 1시간 추가시 1,000원

가는 법 동두천중앙역(3번 출구) → 60-3번 버스 → 조산마을회관 하차 → 도보 20분

—

일본 애도 시대의 한 마을을 재현해놓은 드
라마 세트장이다. 2012년 故 김재형 감독이
사극을 촬영할 때마다 해외 출장이 불가피한
상황에서 제작비를 절감하고자 만들었다.
많은 드라마와 영화가 이곳에서 촬영되었으
며 일본풍 배경이 필요한 사진작가들이 많이
방문했다. 2021년 정식으로 오픈하면서 개
인 관광객도 방문할 수 있게 되어 완벽하게
구현된 일본식 전통 료칸 숙박과 함께 인기
관광지로 부상하고 있다.

이곳은 테마파크형 드라마 세트장으로서 재미있는 요소와 역사적인 배경들
이 가미되어 있다. 가운데의 호수를 중심으로 카페, 일식당, 의상실 등 자체적
으로 즐길 거리가 많으며 무엇보다 비행기를 타지 않고도 이국적인 풍경을 볼
수 있어 수많은 연인과 가족들이 방문하고 있다.

산으로 둘러싸여 해가 빨리 지기 때문에 햇빛이 있는 풍경을 원한다면 일몰 시간보다 최소 2시간 이상 일찍 가야 한다. 저녁이 되면 볼 수 있는 야경도 인기가 많아 조명이 켜지는 시간에 맞춰 가는 것도 좋은 방법이다.

니지모리스튜디오의 야경

의상실에서는 일본 전통의상뿐만 아니라 일본식 나막신, 우산, 소품 등을 대여해주기 때문에 의상을 갖추어 사진을 찍으면 더할 나위 없는 일본 여행 사진을 찍을 수 있다. 정문 앞의 메인 골목과 나룻배 앞도 대표적인 사진 스폿이다.

함 께 가 기 연천 호로고루

삼국시대의 성지로 사방이 탁 트이고 임진강이 한눈에 내려다보이는 힐링 여행지이다. 시기를 맞춰 가면 계절에 따라 넓게 심은 청보리, 해바라기, 코스모스를 만날 수 있다. 이것이 아니라 하더라도 평지로 된 산책로가 걷기 좋아 방문해 볼 만하다.

주소 경기도 연천군 장남면 원당리 1258

주소 서울특별시 용산구 서빙고로 221(서빙고동 235-101)

전화 070-5161-0608

입장료 없음(신분증 지참 필수)

운영시간 내부 공간 09:00~17:00, 외부 공간 09:00~18:00, 입장마감 17:00, 신정·설·추석 당일, 매주 월요일 휴무

주차 불가(장애인 차량 제외)

—

2020년 8월 용산미군기지 내 장교숙소로 사용되었던 공간 중 일부 시설을 리모델링하여 문화·전시·체험 공간으로 개방하였다. 용산기지의 동남쪽에 위치한 미군장교숙소 부지는 조선 시대 얼음을 저장하던 창고가 인근에 있어 조선 초부터 서빙고로 불렸던 곳이다. 용산공원은 서빙고역 1번 출구에 있다.

미군기지답게 빨간 벽돌로 통일된 건물이 정갈하게 보인다.

용산공원 안에는 용산미군기지 시절의 과거 사진들이 전시되어 있다. 당시에 사용하던 바비큐장이나 건물의 실내 모습도 잘 보존되어 있고 건물 내부에는 이곳에 살았던 미군들의 이야기가 적힌 코너도 있다. 특히 조경이 굉장히 잘 관리되어 있는데, 넓은 잔디밭과 단정하게 자리 잡은 나무가 인상적이다.

곳곳에 놓인 벤치도 휴식을 취할 수 있어 화창한 날에 방문하면 휴양지에 온 것 같은 느낌이 든다. 현재 건물은 카페, 갤러리, 역사 자료실, 세미나실 등으로 사용되고 있다.

tip

용산공원 미군기지 내 주차는 장애인 차량만 주차할 수 있다. 대신에 용산가족공원 주차장이나 국립중앙박물관 주차장을 이용할 수 있다. 또한 최대 200명까지만 동시에 입장할 수 있기 때문에 바로 입장하지 못하고 대기할 수도 있다.

용산공원에서 보이는 남산타워

공원 안을 걷다 보면 영어로 된 표지판이 자주 보이는데 그중에서 빨간 벽돌집 앞의
'DODDS BUS STOP' 표지판이 있는 곳이 가장 대표적인 사진 스폿이다. 영어 표지판과
이국적인 벽돌 건물을 배경으로 사진을 찍으면 마치 미국 어느 마을에 온 것 같은 느낌이
든다.

함 께 가 기 국립중앙박물관

역사와 관련된 수많은 전시품을 관람할 수
있는 이곳은 건물 외관이 웅장하고 호숫가
를 중심으로 조경이 잘 형성되어 있어 박물
관이 아닌 여행지로 많이 거론된다. 특히 남
산타워가 보이는 큰 공간은 출사지로 인기
가 많다.

주소 서울특별시 용산구 서빙고로 137

국립중앙박물관 통로로 바라본 남산타워

군산 옥녀교차로

주소 전라북도 군산시 내초동 211-24

가는 법 기차: 군산역(장항선) → 군산역 정류장 → 4번 버스 → 구)해양경찰서사거리 정류장 하차 → 도보 20분 ◦ 버스: 군산 시내 근대역사박물관 → 9번 버스 → 구)해양경찰서사거리 정류장 하차 → 도보 20분

—

군산 시내를 벗어나 선유도로 가는 길목에 눈에 띄는 풍경이 하나 있다. 지명은 따로 정해져 있지 않지만, 옥녀교차로에 진입하면 한눈에 찾을 수 있기 때문에 '옥녀교차로'라는 이름으로 알려져 있다. 넓게 펼쳐진 논 사이에 빼곡하게 심어진 메타세쿼이아 나무가 포인트인데 사각형으로 만들어져 있어 어느 방향에서 봐도 비슷하게 보인다.

계절에 따라 심어진 농작물에 따라 특색 있는 풍경을 조망할 수 있다. 황금빛 보리가 눈에 띄는 봄, 밭과 나무가 온통 푸르른 여름, 노랗게 익은 들판을 볼 수 있는 가을, 그리고 흰색으로 뒤덮인 겨울까지. 보리를 수확하기 전에 간다면 옥녀교차로 일대가 모두 황금보리로 뒤덮이기 때문에 메타세쿼이아 나무가 아니더라도 주변을 천천히 걸으며 경치를 감상해도 좋다. 지금은 군산의 유명한 포토존이 되어 많은 사진가와 여행객들이 찾는다. 특히 봄에는 메타세쿼이아 나무 한가운데로 해가 지기 때문에 사진가들에게 인기가 많다.

관광지가 아닌 사유지이기 때문에 농작물을 밟지 않도록 주의해야 한다. 또한 주변에 편의
시설과 볼거리가 없기 때문에 신흥동일본식가옥(군산 시내, 208쪽)에서 대장봉(고군산도, 64
쪽)을 여행코스로 잡고 가는 길목에 들렀다 가면 좋다.

옥녀교차로의 겨울 풍경

메타세쿼이아 숲 안쪽풍경

인생 사진 tip

메타세쿼이아 군락지 남쪽에는 빨간색과
노란색이 섞인, 표지판처럼 보이는 기둥이
하나 있다. 모양과 색깔이 배경과 잘 어울리
기 때문에 이 표지판 옆에서 사진을 찍으면
좀 더 이국적인 느낌을 연출할 수 있다.

주소 미포정거장: 부산광역시 해운대구 달맞이길62번길 13 ◎ 청사포정거장: 부산광역시 해운대구 청사포로 116 ◎ 송정정거장: 부산광역시 해운대구 송정동 299-20
입장료 해운대 해변열차 1회 이용 7,000원, 2회 이용 10,000원, 자유 이용 13,000원 해운대 스카이캡슐(편도) 2인승 30,000원, 3인승 39,000원, 4인승 44,000원 ◎ 패키지요금(스카이캡슐(편도)+해변열차(자유)) 2인 50,000원, 3인 66,000원, 4인 80,000
—

블루라인파크는 동해남부선 옛 철도시설(미포 역에서 송정역까지 4.8km 구간)이 재개발된 해변 관광열차로 전 구간이 바다 전망으로 되었다.
유럽에서나 볼법한 고풍스러운 디자인으로 6개 정거장을 지나며 부산 명소를 한 번에 둘러볼 수 있다. 그래서인지 개통된 지 얼마 되지 않아 부산 여행자들이 가장 찾고 싶은 여행지가 되었다.
블루라인파크 열차는 두 가지가 있다. 많은 사람들이 함께 탈 수 있는 해변열차와 최대 4명까지 탈 수 있는 스카이 캡슐이 그것이다. 해변열차는 해운대에서 출발해 미포 정거장, 달맞이 터널, 청사포, 다릿돌전망대, 구덕포, 그리고 송정역에 정차한다. 각각의 정거장마다 매력적인 볼거리가 있어 원하는 곳에 내려 둘러보면 된다. 스카이 캡슐은 미포 정거장과 청사포 정거장만 이용 가능하며 왕복, 편도로 이동할 수 있다. 해변열차는 미포, 청사포, 송정 3곳

에서 매표할 수 있고 스카이 캡슐은 미포, 청사포에서만 매표할 수 있다.

tip

정거장마다 특징이 있어 원하는 곳에서 머물다 가면 좋다.

1. 미포 정거장: 해운대 해수욕장과 가까이 있어 해운대 중심가로 접근성이 좋다.

2. 달맞이 터널: 야경이 아름다워 야간 산책하기 좋다.

3. 청사포 정거장: 일출이 아름다우며 쌍둥이 등대가 새로운 관광명소로 떠오르고 있다.

4. 다릿돌전망대: 바닥이 유리로 된 스카이워크가 설치되어 있다.

5. 구덕포: 갈대와 기암괴석이 아름다우며 이색적인 레스토랑과 카페가 많다.

6. 송정 정거장: 송정해수욕장은 수심이 얕고 경사가 완만하여 피서지로 인기가 많다.

산책로에서 보이는 캡슐 기차   달맞이 터널

(인생사진) tip

청사포 정거장에서는 열차가 도로를 가로
질러 가는 풍경을 볼 수 있다. 이곳에서 해
변 열차와 함께 사진을 찍기 위해 많은 사
람이 열차가 지나가기를 기다린다.

주소 경기도 고양시 덕양구 대양로285번길 33-15

전화 031-962-9291(7171)

운영 시간 하절기(4월~10월) 10:00~18:00, 동절기(11월~3월) 10:00~17:00(매주 월요일, 설, 추석 당일 휴무)

입장료 일반: 성인 8,000원, 청소년/군인 6,000원, 어린이 5,000원 ◎ 단체(20인 이상): 성인 6,4000원, 청소년/군인 4,800원, 어린이 4,000원 ◎ 경로·국가유공자·장애인 단체요금 적용

가는 법 삼송역(지하철 3호선, 6번 출구) → 053, 033번 마을버스 → 고양동시장 정류장 하차 → 도보 10분

—

경기도 고양시에는 아시아에서 유일하게 중남미를 테마로 한 문화공간이 있다. 1994년 개관한 이곳은 중남미지역에서 대사관을 지내며 30년여 년을 지낸 이복형 원장이 세계 인구의 15%를 차지하고 풍부한 천연자원을 소유한 중남미와의 문화적 교류를 위해 설립했다.

40여 년에 걸쳐 수집한 중남미 고대유물, 미술품, 조각 등을 전시한 박물관을 시작으로 미술관, 조각공원, 종교전시관, 벽화, 연구소로 활용되는가 하면 지금은 점점 더 규모가 커져 학회, 문화, 예술계의 모임 장소에 이르는 복합문화공간으로 자리하고 있다.

대표적인 중남미 테마 공간답게 입구에서 보이는 건물부터 이국적으로 다가온다. 조금

복잡해 보이지만 안으로 들어가면 크게 박물관, 미술관, 조각공원, 전시관, 마야벽화, 휴식공간으로 구성되어 있다. 중간에 표지판이 길을 잘 안내해주고 조각과 동상을 구경하며 걷기 좋게 길이 만들어져 있다. 곳곳에 벤치가 있어 휴식을 취하기도 좋다. 내부에는 '따꼬' 라는 멕시코 전통 음식점이 있는데 인테리어가 이국적이고 테라스도 좋다.

특히 마야 상형문자, 아스텍(Aztec) 달력인 태양의 돌을 비롯한 중남미 고대 문명의 대표적 상징으로 디자인된 마야벽화와 멕시코의 성당을 그대로 옮겨 놓은 것 같은 종교전시관이 사람들에게 인기가 많다. 그 외에도 박물관, 미술관의 다양한 전시품들은 중남미의 정취를 느끼게 한다.

인생사진 tip

메인 사진인 정문 바로 앞의 박물관 외에도 종교 전시관 건물(성당)과 마야벽화 앞에서 사진을 찍는다면 이국적인 장면을 연출할 수 있다. 특히 마야벽화는 국내 어디서 볼 수 없는 독특한 조형물이기 때문에 꼭 들렀다 가길 추천한다.

(함 께 가 기) 서오릉

조선 시대 족분(族墳)으로 유네스코 세계문화유산으로 등재된 곳이다. 능과 함께 숲속으로 산
책로가 잘 형성되어있어 많은 사람이 찾는다. 한 바퀴 돌아보는데 1시간 30분 정도 걸린다.

주소 경기도 고양시 덕양구 서오릉로 334-32

주소 부산광역시 부산진구 진사로 48길(개금동) 앞
주차장 따로 없으나 주례초등학교 공영주차장 이용할 수 있다.
가는 법 부산역(고속철도, 4번 출구) → 부산역 정류장에서 67번, 167번 버스 → 개금현대
아파트 → 도보 3분
—

벚꽃이 만발하는 4월, 부산 개금동은 어느 봄 풍경과 조금 다른 독특한 느낌
이 있다. 얼마 전까지만 해도 잘 알려지지 않은 작은 골목이었는데 다소 일
본 같은 이국적인 풍경 때문에 지금
은 벚꽃 명소가 되었다. 개금동의 '이
야기가 있는 벚꽃 문화길'은 2017년
도 콘텐츠 사업의 일환인데 주민들이
만든 작품이 데크 길 군데군데에 전
시되어 있다. 벚꽃으로 둘러싸인 데
크길은 걷기도 좋지만, 아래에 있는
골목 풍경이 이곳을 더 유명하게 만
들었다. 파스텔 톤 주택과 높은 벽 사
이로 나 있는 길이 벚꽃으로 덮이는
풍경은 일본 애니메이션의 한 장면을
연상시킨다.

tip

저녁이 되고 개금벚꽃문화길을 따라 가로
등이 켜지면 벚꽃과 함께 또 다른 풍경을 볼
수 있다. 낮에는 이동하는 사람이 많으니 해
질 녘 방문해 야경을 감상하는 것도 좋다.

함께 가기 부산의 벚꽃 명소들

부산은 벚꽃 명소가 아주 많다. 그중에서 아직은 많이 알려지지 않아 인파가 비교적 적은 벚꽃 명소를 소개한다.

1. 삼익아파트 단지: 일반 아파트 단지이지만 가로수가 대부분 벚나무로 되어있어 봄에는 벚꽃 터널을 볼 수 있다.

2. 동대신동에서 민주공원 가는 길: 올라가는 길목 구석구석에 벚꽃 풍경이 예쁘다.

3. 화지사: 조용한 산책길을 따라 벚꽃을 감상할 수 있다.

주소 충청남도 논산시 연무읍 봉황로 90 선샤인스튜디오
운영 시간 10:00~18:00, 입장마감 5시30분, 매주 수요일 휴무
입장료 성인 10,000원, 청소년 8,000원, 소인/경로 6,000원
가는 법 논산역, 논산고속버스터미널, 논산시외버스터미널 근처 우리정형외과 정류장 →
204번 버스 → 훈련소입소대대 하차 → 도보 15분
etc 반려동물 출입 불가

—

'미스터 선샤인'은 2018년도에 종영된 드라마로 여러 해가 지났지만 많은 사람이 기억하고 있다. 드라마를 본 사람은 물론 그렇지 않은 사람이라도 한 번쯤 방문할 것을 추천한다. 드라마와 관계없이 즐길 거리가 충분히 많기 때문이다. 드라마 방영 당시 주요 장면들이 이곳에서 많이 촬영되었는데 그 흔적을 쉽게 찾을 수 있다. 걷다 보면 드라마 속으로 들어간 것 같은 느낌이 들기도 하고, 과거로 시간여행을 하는 것 같은 느낌이 들기도 한다.

약 6천 평의 규모를 가진 선샤인스튜디오는 일제강점기를 배경으로 하고 있어 상당수의 일본 건물과 한옥, 초가, 개화기 근대양식 건물 등 다양한 형태의 건물이 있고 내부 또한 실제로 사용해도 될 만큼 디테일하며 완성

도 높은 소품을 다량 보유하고 있다. 1900년대 초반 한성의 풍물이 상징적으로 재현된 국내의 유일한 공간인데, 건물만 해도 30동이 넘고 그 외에도 실제로 드라마에 나온 주요 스폿들이 많아 지루할 틈이 없다. 양품점에는 실제 배우들이 입은 옷을 전시해 놓았고 개화기 시대의 의상을 대여해 입을 수도 있다. 홈페이지를 통해 진행 중인 전시나 이벤트를 참고하면 좋다.

tip

선샤인랜드는 1950년대를 배경으로 한 드라마·영화 세트장인 '1950 스튜디오'를 비롯해 '밀리터리 체험관', '서바이벌 체험장' 등이 있으니 선샤인스튜디오 관람 후 추가로 원하는 시설을 찾아 체험하는 것도 좋다.

일본식 건물의 내부

(함 께 가 기) 반야사

논산의 반야사는 동굴 법당이 있는 독특한 절이다. 뒤쪽에 두 개의 동굴이 있는데 지상과 지하가 그것이다. 전자는 산이 깎인 것 같은 절벽 속에 있고 후자는 지하로 이어져 있다. 현재 지상에 있는 동굴은 안전상의 이유로 사진처럼 안쪽으로 들어갈 수 없게 됐다.

주소 충청남도 논산시 가야곡면 삼전길 104

동굴 안쪽

주소 경기도 포천시 신북면 아트밸리로 234

운영 시간 월~목요일 9:00~19:00(매표마감 18:00), 금~일요일 9:00~22:00(매표마감 20:00)

입장료 어른 5,000원, 청소년 3,000원, 어린이 1,500원

모노레일 왕복 5,300원, 편도 4,300원

가는 법 지하철: 의정부역(4, 5번 출구) → 138, 138-5번 버스 → 신북면행정복지센터에서 73번 버스로 환승 → 포천아트밸리 하차 버스: 동서울터미널 → 3000, 3001, 3002번 버스 → 신북면행정복지센터에서 73번 버스로 환승 → 포천아트밸리 하차

—

포천 아트밸리는 1960년대부터 약 30년 간 화강암을 채석하던 채석장이었다. 1990년대 이후 생산량이 감소하면서 폐채석장으로 방치되었는데, 이것을 포천시에서 친환경 복합예술공간으로 재탄생시켰다. 멋지게 깎여진 절벽과 호수 풍경뿐만 아니라 전시, 체험 등 다양한 볼거리가 있어 사람들이 즐겨 찾는 명소가 되었다.

경사가 심한 편이라 거동이 불편하다면 모노레일을 이용해도 좋다. 올라가면서 옆으로 보이는 아트밸리 풍경이 기대감을 높여 준다. 처음 보이는 곳은 3층으로 된 천문학관인데 지구와 태양계에 대해 학습하고 체험할 수 있기 때문에 아이들에게 인기가 많다.

아트밸리 안에 있는 카페

화강암을 채석하던 자리는 천주호로 채워져 있다. 천주호는 비와 샘물이 유입되어 만들어진 호수로 최대 수심이 25m나 되는데, 자주 출연하는 잉어 외에 도롱뇽, 가재 등 깨끗한 물에만 산다는 생물이 있는 1급수라고 한다. 천주호와 함께 보이는 절벽은 화강암과 나무가 어우러져 웅장하고 장엄한 느낌이 든다. 이런 이국적인 느낌 때문에 여러 드라마가 촬영되기도 했다.

그 외에도 여러 조각 작품과 포토존이 있는 조각공원, 천주호를 높은 곳에서 내려다 볼 수 있는 하늘공원, 화강암 절벽이 펼쳐지는 카페도 방문해 보자.

인 생 사 진 tip

아트밸리 안에서 계단을 타고 아래로 내려
가면 호수와 절벽이 가까이 보이는 데크가
있다. 난간 앞에서 사진을 찍으면 아트밸리
를 가장 잘 보여주는 사진을 얻을 수 있다.

함 께 가 기 산정호수

운치 있는 호수와 둘레길이 형성되어 있다. 근처에 '산정랜드'라는 테마파크가 있어 포천
의 대표적인 관광지로 꼽힌다. 가을엔 산정호수에서 시작해 명성산으로 억새트래킹을 하
러 갈 수 있고 겨울에는 얼어붙은 호수에서 썰매 축제가 열린다.

주소 경기도 포천시 영북면 산정호수로411번길 108

주소 경상남도 거제시 일운면 외도길 17 외도해상농원
전화 055-681-4541
운영 시간 하절기 08:00~19:00, 동절기 8:30~17:00
입장료 일반: 성인 11,000원, 중고등학생·군경(제복을 입은 사병) 8,000원, 어린이 5,000
원 ⊕ 단체: 성인(30명 이상)·중고등학생 6,000원, 어린이 4,000원

—

섬 전체가 정원으로 가꾸어진 만화 같은 섬. 약 50여 년 전 이창호라는 사람이
외도를 매입한 후 아내(현재 보타니아 소유주 최호숙 회장)와 함께 섬 전체를 정성
들여 가꿨다. 따듯하고 물이 풍부해 아열대 식물이 잘 자랐고 1995년에 '외도해
상농원'이라는 이름으로 개원했다. 그후 2년 만에 연간 1백만 명 이상의 관람객
이 찾으며 한국관광공사, 네티즌이 뽑은 한국 최고 관광지로 선정되기도 했다.
2002년 KBS 드라마 '겨울연가'의 마지막 회가 촬영되며 더욱 유명세를 탔다.
보타니아는 보타닉(botanic)과 유토피아(utopia)의 합성어로 바다 위의 식물 낙

원이라는 뜻이다. 이처럼 외도 보타니아는 탁 트인
바다를 감상할 수 있을 뿐만 아니라 유럽식 정원과
건축물로 눈을 즐겁게 만든다. 선인장과 야자수,
계절에 따라 바뀌는 다양한 꽃 등 볼거리가 많고 섬
중앙에 위치한 비너스 가든은 외도 보타니아를 상
징하는 대표적인 장소로 알려져 있다. 최호숙 회장
이 직접 구상하고 설계했는데, 버킹검 궁전의 후정
을 모티브로 자연과 조화로움을 유지하고자 했다.

tip

외도 보타니아는 외도로 가는 선착장 7곳을 이용해 갈 수 있다. 그중 도장포 선착장이 인기가 많은데 거제도의 대표 관광지인 바람의 언덕과 신선대가 있기 때문이다. 대부분의 유람선은 외도 입장 전에 해금강의 절경을 감상할 수 있는 해금강 투어를 함께 진행하고 있다. 보타니아에는 음식물 반입이 안 되고 내부에는 음료자판기가 여러 대 설치되어 있으니 현금을 준비해가면 좋다.

섬 구석구석이 이국적이기 때문에 어디서
든 사진이 잘 나오지만 섬 중앙에 있는 비너
스 가든이 이곳을 대표하는 곳인 만큼 여기
를 배경으로 사진을 찍어 보자. 정원의 정면
난간은 앉아서 사진을 찍을 수 있다. 자리가
두 개라 친구나 가족과 함께 사진을 찍을 수
있다.

함 께 가 기 바람의언덕

도장포 선착장과 함께 있는 바람의 언덕은
바다가 한눈에 보이는 거제의 대표적 관광
지이다. 중간쯤엔 이국적인 풍차가 바다를
향해 있고 조금 아래에 있는 평평한 지형에
서는 바다를 조망할 수 있다.

주소 경상남도 거제시 남부면 갈곶리 산
14-47

주소 충청북도 단양군 영춘면 구인사길 73 구인사

전화 043-423-7100

주차료 승용차 3,000원(시간제한 없음)

가는 법 구인사 종합 터미널 → 버스(구인사정류소행) → 구인사시외버스터미널 하차

—

구인사는 전국 140여 개의 절을 관장하고 있는 대한불교 천태종의 본산이다. 1945년 상월 대조사가 만든 칡덩굴 법당으로 시작했으며 지금은 국내에서 가장 큰 절이 되었다.

시기적으로는 오래되지 않은 현대식 건물이 많지만, 그 규모와 위치는 놀라움의 연속이다. 주차장에서 사찰 정상까지 가는 길은 멀고 가파르지만 다른 사찰에서는 경험하기 힘든 깊은 산속 정취와 경건한 분위기를 느낄 수 있다. 단양을 간다면 불교 신자가 아니더라도 꼭 가봐야 할 여행지이다.

소백산 봉우리 중 하나인 연화봉 아래에 자리 잡고 있으며 계곡의 오르막을 따라 연이어 건물이 지어져 있다. 일주문과 천왕문을 지나 하나둘씩 나타나는 큰 사찰 건물들을 구경하며 조금씩 천천히 걸어 오르다 보면 가장 높은 곳에 있는 대조사전에 도착하게 된다. 금색 빛깔의 대조사전은 27m 높이의

대조사전

3층 건물로 매우 웅장하고 화려해 구인사를 대표하는 건물이다. 대조사전 앞쪽은 광장처럼 만들어져 경치를 구경하며 휴식하기 좋다. 난간에 서면 구인사가 한눈에 보여 더 신비롭게 느껴진다.

대조사전 광장의 조형물

대조사전 광장에서 바라본 구인사 풍경

(함께 가기) 카페 산

산꼭대기에 있어 단양의 멋진 풍경을 볼 수 있는 대규모 카페. 패러글라이딩장도 함께 운영해 차를 마시면서 패러글라이더가 날아다니는 풍경을 감상할 수 있다. 이것 때문에 단양에서 경치가 가장 좋은 카페라 불린다. 풍경과 함께 인생 사진을 남길 수 있는 포토존도 마련되어있어 단양 여행을 간다면 꼭 추천하고 싶은 곳이다.

주소 충청북도 단양군 가곡면 사평리 246-33

(함께 가기) 이끼터널

녹음 가득한 이끼가 옹벽을 따라 깔리고 울창한 나무가 천장을 만들어 터널을 형성한다. 온통 초록색으로 덮인 쭉 뻗은 도로는 동화 속으로 들어온 것 같은 느낌을 준다. 낙서하거나 이끼를 훼손하는 행위를 하면 안 된다.

주소 충청북도 단양군 적성면 애곡리 129-2

주소 전라남도 순천시 국가정원1호길 47
전화 1577-2013
운영 시간 순천만국가정원 09:00~21:00(월별 상이), 순천만습지 09:00~19:00(월별 상이)
입장료 성인(만 19세~만 64세): 일반 8,000원, 단체 6,000원, 순천시민 2,000원 ◎ 청소년
(중·고등학생)·군인: 일반 6,000원, 단체 5,000원, 순천시민 1,500원 ◎ 어린이(초등학생): 일
반 4,000원, 단체 3,000원 ◎ 순천시민 무료
가는 법 비행기: 여수공항 → 공항 내 330번 버스 → 소안 정류장 하차→ 50번 버스 환
승 → 세영아파트 정류장 하차 → 도보 730m 이동 ◎ 버스: 여수시외버스터미널 → 터
미널 건너편 농협앞 정류장 66, 67, 101번 버스 → 국가정원(동문) 정류장 하차 ◎ 고속철
도: 순천역 → 건너편 정류장 → 66번 버스 → 국가정원(동문) 정류장 하차
—

대한민국 1호 국가 정원으로 알려져 있는 순천만국가정원은 다양한 테마의

정원과 체험 으로 많은 사람이 찾는다. 국내
최대 연안 습지인 순천만습지와 연계되어 전
남의 대표 여행지가 되었다. 이곳의 테마 정
원 중에서 세계전통정원은 다양한 나라의 특
징을 정원에 고스란히 녹여 매력적으로 다가
온다. 스페인, 프랑스, 네덜란드, 일본, 멕시
코를 비롯해 13개국의 정원이 있다.
각국의 전통 양식과 역사, 예술적 특징을 잘
살려 디테일한 부분까지 꼼꼼하게 잘 표현되

프랑스정원

어 있다. 각각의 정원들은 규모가 크지는 않지만 하나둘 구경하다 보면 세계를 여행하는 것 같다.

세계전통정원 외에도 여러 가지 주제로 설계된 테마정원, 다양한 체험을 할 수 있는 참여정원, 동물원, 학습센터 등 하루가 부족할 정도의 즐길 거리가 많다. 특히 순천만 습지까지 함께 보려면 4시간은 족히 걸리기 때문에 여유롭게 시간을 두고 입장하는 것이 좋다. 워낙 볼거리가 많다 보니 코스를 어떻게 짜야 하나 고민하는 사람을 위해 순천만국가정원 홈페이지에 시간별로 코스가 소개되어 있다. 1시간, 2시간, 4시간 코스가 예시로 나와 있으니 참고하자.

tip

순천만 국가정원에서 습지까지 편리하게 이동할 수 있는 모노레일인 스카이큐브가 운행 중이다. 습지를 편하게 갈 수 있는 갈대열차와 함께 이용할 수 있는 통합권을 사는 방법도 있다.

원뿔형 산책로

태국정원

터키정원

이탈리아정원 앞 분수

(함 께 가 기) 순천만습지

순천만습지는 순천국가정원에서 마지막에 들르는 곳으로 광활하게 펼쳐져 있는 푸른 갈대밭을 볼 수 있다. 가을에 가면 갈대꽃이 피기 시작하면서 녹색이 점차 갈색으로 바뀐다. 이 시기의 갈대가 노을빛을 받으며 보여주는 풍경이 가장 아름답다고 알려져 있다. 1시간을 더 투자하면 용산전망대에 오를 수 있는데 조금 높은 곳에서 감상하는 순천만과 갈대밭의 모습이 색다르다. 전망대를 가지 않는다면 1~2시간이면 충분하다.

주소 전라남도 순천시 순천만길 513-25

주소 강원도 평창군 대관령면 꽃밭양지길 708-9(삼양목장)
운영 시간 5월~10월 09:00~17:00, 11월~4월 09:00~16:30
입장료 대인 12,000원, 소인 10,000원, 우대 9,000원
가는 법 진부역(고속철도, 1번 출구) → 상진부 정류장에서 240번 버스(횡계행) → 횡계시외버스 터미널 하차 후 택시 이용

—

푸른 초원과 풍력발전기, 방목 중인 양 떼와 젖소들은 대관령 하면 쉽게 떠오르는 이미지다. 그중 삼양목장은 셔틀버스가 운행해 손쉽게 정상까지 올라갈 수 있다. 11월 중순부터 4월까지(화이트 시즌)는 셔틀버스가 운행하지 않는 대신 개인차량이 입장할 수 있다. 겨울에는 푸른 초원과 동물을 볼 수 없지만, 해발 1,140m의 '바람의언덕'에서 600만 평의 목장과 백두대간의 산줄기가 온통 하얗게 칠해진 설경을 볼 수 있다. 한국에서 가장 먼저 서리가 내리고 눈이 많이 오기 때문에 시기만 잘 맞춘다면 겨울에는 대부분 눈을 구경할 수 있다. 설경을 보기 위해 추운 겨울에도 사람들이 많이 찾으니 발자국 없는 깨끗한 겨울 풍경을 보고 싶다면 눈 내린 직후 아침 일찍 방문할 것을 추천한다. 삼양목장은 고도가 높고 바람이 강하게 부는 날이 많아 겨울에 간다면 방한 대책을 잘 꾸려서 가자. 매점에서 유기농 우유

와 아이스크림, 컵라면 등을 판다. '도깨비', '웰컴투동막골', '올인' 등의 드라마 촬영지이기도 하다.

tip

눈 오는 날에는 농장에서 제설작업을 충분히 하므로 궂은 날씨에도 문제없이 차량 통행이 가능하다. 하지만 안전을 위해 출입을 통제하는 날도 있으니 눈이 온 이후라면 필히 출발 전 농장에 문의하자.

함 께 가 기 **대관령 양떼목장**

겨울에 삼양목장이라면 여름엔 대관령 양
떼목장이다. 삼양목장과는 차로 10km 정
도 떨어져 있어 두 곳을 한 번에 갈 수도
있다. 양떼목장은 높지 않아 접근성이 좋
고 비교적 아담한 크기라 가볍게 산책하
기에 좋다. 1.2km의 산책로를 따라 목장을
한 바퀴 돌면 40분 정도 걸린다.

주소 강원도 평창군 대관령면 대관령마
루길 483-32

신안 송공항 해진해운 전화 061-261-4221

여객선 운행정보 신안군 문화관광 홈페이지(tour.shinan.go.kr)에서 [여객선 운항/교통편안내] - 해당 항구의 배 시간표 참고

가는 법 목포역 → 도보 1분 → 목포역 정류장에서 130번 버스 → 송공항 정류장 하차 → 송공항에서 천사아일랜드호 → 대기점도항 하선

물때표 바다타임닷컴(www.badatime.com) 참고

—

스페인에 산티아고가 있다면 한국엔 섬티아고가 있다. 거리는 수십 배가 차이 나고 비슷한 점도 크게 보이지 않지만, 유럽에서나 볼법한 이국적인 건물들이 연결되고 '섬'으로 순례길을 걷기 때문에 언젠가부터 '섬티아고'라는 별칭으로 불리고 있다. 정확한 이름은 '신안 12사도 순례길'로 4개의 섬(대기점도, 기점도, 소악도, 진섬)에 12개의 각기 다른 모양의 예배당이 있으며 이를 기준으로 12km의 순례길이 이어져 있다. 순례길을 모두 걷는데 보통 4~5시간 정도 걸린다.

각각의 건물들은 국내외 예술인 10여 명이 3년간 만들어낸 합작품이다. 그래서 외관만 그럴싸하게 지어놓은 것이 아니라 내부와 다른 디테일까지 꼼꼼하게 디자인된 예술작품이다. 시작점을 정하는 방법은 여러 가지지만

곳곳에 있는 이정표

가장 보편적인 방법은 대기점도에 있
는 1번 베드로 집에서 시작하는 것이
다. 대기점도까지는 송공항에서 배
를 타고 갈 수 있다. 배 시간표가 수
시로 바뀌기 때문에 미리 확인하고
가야 한다. 대기점도 선착장에 도착
하면 하얗고 예쁜 건물과 함께 순례
길이 시작된다. 선착장 앞에는 전기
자전거 대여소가 있으니 걷는 게 부
담스럽다면 자전거를 타고 이동하는
것도 좋다.

tip

4개의 섬들은 노두 길로 연결되어 있기 때
문에 물때를 계산해서 이동해야 한다. 간조
때만 이동할 수 있는데 조금 불편할 수 있지
만, 오히려 이곳을 더 특별하게 만들어준다.
섬 안에는 게스트하우스와 식당, 카페가 있
다. 수위가 약 380 이상이 되면 길이 물에
잠겨 노두 길을 건널 수 없다. 바다타임닷컴
(www.badatime.com)에서 대기점도를 검색
해 노두 길이 열리는 시간을 보고 맞춰 건
넌다.

만조가 되면 물에 잠기는 노두길과 마태오의 집

함께가기 병풍도

맨드라미 섬이라고 불리는 병풍도는 대기
점도와 연결되어 있어 함께 가기 좋다. 10
월이 되면 맨드라미 축제가 열리며 공원에
는 형형색색 맨드라미꽃이 언덕을 덮는다.
병풍도를 상징하는 분홍색 지붕 마을이 인
상적이다. 송도항이나 송공항에서 배로 들
어갈 수 있다.

주소 전라남도 신안군 증도면 병풍리
504-1(맨드라미언덕)

주소 충청남도 당진시 합덕읍 신리 62-3

전화 041-363-1359

입장료, 주차료 없음

가는 법 신례원역(기차) → 신례원 정류장에서 450번 버스 → 옥금리 정류장 하차 → 도보 1분 → 옥금리 정류장에서 750번 버스 환승 → 신리 정류장 하차 → 도보 5분

—

충남 당진은 우리나라에서 손꼽히는 천주교 성지 순례 지역 중 하나로 독실한 종교인들이 신앙을 꽃피운 곳이다. 그중 신리성지는 당진에 있는 버그내순례길의 종착점으로 아름답고 성스러운 분위기 때문에 많은 사람이 찾는다. 버그내순례길은 우리나라 최초의 신부인 김대건 신부 생가가 있는 솔뫼성지에서 시작하여 합덕성당, 합덕제, 원시장과 원시보 형제의 탄생지, 무명순교자의 묘, 신리성지까지 13.3km에 이르는 순례길이다. 선교사들의 비밀 입국처로 활용되어서 조선의 카타콤 바(로마 시대 비밀교회)로 불리기도 했다. 이곳의 역사적 의미와 이국적인 풍경이 더해져 지금은 국내 천주교 신자들이 꼭 방문해야 하는 성지임과 동시에 일반 관람객들에게도 사랑받는 여행지가 되었다.

이렇게 주목받는 여러 이유 중 하나는 이색적인 건물이 서 있는 평원 풍경 때문이다. 이 건물은 독특한 십자

독특한 모양의 십자가

가를 달고 있는데 성 다블뤼 안토니오 주교, 성 오메트르 베드로 신부, 성 위 앵 루카 신부, 성 황석두 루카, 성 손자선 토마스 등 5명의 성인 영정화와 13점 의 순교 기록화가 전시된 국내 유일의 순교미술관이다. 건물이 있는 작은 언 덕에 올라서면 넓게 펼쳐진 당진의 합덕평야를 조망할 수 있다.

tip

중간중간 앉을 수 있는 벤치가 있는데, 이곳은 기도하는 곳이니 순례자들을 위해 자리를 비워주자.

순례자를 위한 공간

함 께 가 기 아그로랜드 태신목장

푸른 초원의 목가적인 풍경을 보고 동물과 함께 다양한 체험을 할 수 있는, 우리나라에서 최초로 '낙농체험 목장' 인증을 받은 곳이다. 특히 유채꽃, 코스모스, 수레국화 등 계절마다 피는 꽃 덕분에 많은 관광객이 찾는다.

주소 충청남도 예산군 고덕면 상몽2길 231

함 께 가 기 삽교호놀이동산

서해를 바라보며 놀이기구를 탈 수 있는 작은 놀이동산이다. 근처에 맛집과 바다공원, 캠핑장 등 즐길 거리가 많아 가족, 연인들이 많이 찾는다. 논밭 앞으로 보이는 대관람차 풍경이 유명한 사진 스폿이다.

주소 충청남도 당진시 신평면 삽교천3길 15

주소 인천광역시 강화군 길상면 온수리 505(대한성공회 서울교구 온수리교회)
전화 032-937-0005
가는 법 인천 구래역 700-1번 버스 → 온수리 정류장 하차

—

우리나라에는 유럽풍 성당이 생각보다 많지만, 상당수가 도심에 있고 산이나 건물 때문에 가려지는 경우가 많다. 강화도에 있는 온수리교회는 고층 건물이 없는 곳에서 푸른 잔디와 함께 시원한 풍경을 볼 수 있는 곳이다. 교회 입구를 지나 보이는 성당 풍경이 매우 이국적이기 때문에 강화도를 여행하는 많은 관광객이 찾는다. 겨울을 제외하고 푸르름을 자랑하는 잔디밭은 자세히 보면 하트모양으로 귀엽게 꾸며져 있다. 서울 중구에 있는 성공회 대성당과 유사한 모양을 하고 있지만 복잡하지 않고 조금 더 깔끔한 느낌을 준다. 성당 입구의 지붕은 한옥 기와로 만들어져 우리나라만의 방식으로 포인트를 준 것이 돋보인다.

옆에 있는 한옥 성당은 이곳을 더 특별하게 만들어준다. 고풍스럽게 생긴 이 성당의 정식 이름은 성안드레아성당이다. 성공회가 전파될 당시 영국에서 내한한 조마가 신부가 1900년 전후에 건축한 건물이라고 한다. 덕분에 우리나라에 전래한 초기 기독교

성당 옆의 종루

교회 양식을 볼 수 있다. 한국의 전통 건축기법을 활용하여 지었지만 공간 구성은 서양방식을 채용해 동서양의 건축방식이 절충된 것이라 한다. 내부에 들어가 보면 당시에 사용했던 사제들의 의복과 물품들이 보존되어 전시되어 있다.

tip

포털사이트에서 강화도 온수리성당이라고 검색하면 '천주교 온수성당'으로 길 안내가 되곤 한다. 앞에 소개된 주소를 정확하게 입력하고 갈 것을 추천한다.

성안드레성당의 내부

온수리교회의 입구

잔디밭 관리가 잘 되어있어 이국적인 건물을 배경으로 사진을 찍는다면 유럽 소도시 성당에 온 것 같은 사진을 얻을 수 있다. 겨울에는 잔디밭 관리를 위해 검은색 커피를 뿌려놓아 이색적인 풍경을 볼 수 있다.

함 께 가 기 **카페 도레도레(강화점)**

강화도에는 예쁜 카페가 많기로 유명하다. 그중 도레도레는 봄에는 샤스타데이지, 여름에는 수국이 만발해 꽃 정원이 펼쳐진다. 꽃 피는 계절에 맞춰 강화도를 오게 된다면 꼭 방문할 것을 추천한다.

주소 인천광역시 강화군 화도면 해안남로 1864-18

주소 전라북도 무주군 설천면 구천동1로 159
곤돌라 왕복 이용료 대인 20,000원, 소인 16,000원, 10월 초~2월 말 주말·공휴일 사전
예약제 운영
곤돌라 동계 운영 시간 상행 09:00~16:00 하행 16:30까지
—

백두대간 중 덕유산의 겨울 경치가 으뜸이라는 말이 있다. 상고대가 가득 핀
덕유산의 겨울은 몽환적인 느낌이 들 정도로 아름답다. 덕유산의 정상인 향
적봉은 해발 1,614m로 우리나라에서 네 번째로 높은 곳이다. 곤돌라가 설치
되어있기 때문에 겨울에도 정상까지 쉽게 올라갈 수 있다. 상고대가 내려앉
은 덕유산의 설경을 보기 위해서는 여러 가지 조건이 맞아야 하니 일기예보를
미리 확인하자. 기본적으로 영하 10도 이하에 습도가 높고 바람이 많이 불지
않은 날씨를 선택하는 것이 좋다.

곤돌라는 정상 바로 아래의 설천봉까지 운행
되는데 아래로 보이는 풍경을 감상하면서 편
하게 이동할 수 있다. 설천봉은 해발 1,520m
로 정상과 큰 차이가 없다. 곤돌라에서 내리
면 바로 상제루라고 하는 한옥 쉼터가 보인다.
1997년에 지어진 후 설천봉의 상징이 되었다.
여기에서 정상인 향적봉까지는 불과 600m 남
짓 거리이기 때문에 천천히 걸어도 30분이면

설천봉을 오가는 곤돌라

충분히 도착할 수 있다. 정상으로 올라가는 길목은 눈꽃 터널과 홀로 서 있는 나무, 오래된 고목 등 조금씩 다른 풍경들이 가는 길을 더 즐겁게 한다. 고산 지대에서만 자라는 주목이 군데군데 서 있어 운치를 더한다. 향적봉에서 중봉으로 가는 길이 평평하고 경치가 좋아 인기가 많지만, 등산 자체가 목적이 아니면 정상까지만 보아도 충분히 멋진 설경을 만끽했다고 할 수 있다.

tip

설천봉에는 매점이 있는데 여기서 핫팩, 귀마개 등을 판매하기 때문에 미처 준비하지 못했다면 여기서 채비할 수 있다. 아이젠도 대여해 준다.

향적봉에서 중봉으로 이어지는 등산로

(인 생 사 진) tip

정상 풍경도 멋지지만, 설천봉에서 향적봉으로 올라가는 길 위에서 상제루를 바라보는 풍경이 멋있다. 또한 가는 길에 눈꽃 터널이 길게 이어져 있어 터널 안에서 사진을 찍는 것도 좋다.

(추 천 하 기) 함백산

거리가 멀어 함께 갈 순 없지만, 덕유산과 함께 겨울산으로 추천하고 싶은 산이다. 함백산은 국내산 중 여섯 번째로 높은 산인데 정선군, 영월군, 태백시가 만나는 곳이다. 그중 만항재는 차를 타고 올라갈 수 있는 가장 높은 고개로, 차를 타고 넘어가 조금만 걸으면 30분 내외로 도착할 수 있다. 등산 시간에 비해 멋진 설경을 볼 수 있다는 점 때문에 덕유산과 함께 추천하고 싶다.

강원도 정선군과 태백시의 경계에 위치

주소 대구광역시 동구 불로동 산 1-16
전화 053-662-2363
입장료 없음
주차장 불로고분 공영 주차장
가는 법 아양교역(대구 지하철, 2번 출구) → 401, 동구 8번 버스 → 불로동전통시장 정류장 하차 → 도보 12분

—

고분하면 가장 먼저 떠오르는 대표적인 장소는 경주의 대릉원이지만 대구에도 그에 못지않은 곳이 있다. 대구 동구 불로동에 있는 고분군은 대구에 남아 있는 고분군 중에 가장 상태가 양호하다. 신라 시대에 조성된 것으로 추정되는 무덤 수백 개가 군데군데 솟아 있는데 울타리 없이 보존되어 있어 시원시원하게 풍경을 감상할 수 있다.

가장 인상적인 풍경은 푸른 하늘과 울퉁불퉁한 언덕 사이로 솟아있는 나홀로나무다. 조금 높아 보이지만 천천히 올라가다 보면 고분의 전경뿐만 아니라 대구의 대표적인 여행지인 이월드의 83타워, 앞산, 월드컵 경기장까지 한눈에 들어온다. 대구 공항이 근처에 있기 때문에 지면 가까이 날아가는 비행기도 함께 볼 수 있다.

대구국제공항으로 가는 비행기

고분은 둘레길처럼 둥글게 형성되어 있고 돌아보는 데 한두 시간 정도 걸린다. 고분 사이로 콘크리트나 데크 길이 아닌 판석이나 흙길이 형성되어 있는데 고분과 제법 잘 어울린다. 울타리가 전혀 없고 고분 표시가 잘 보이지 않아 매우 자연친화적이다. 하지만 고분은 엄연히 문화재이니 올라가거나 함부로 다루면 안 된다.

인 생 사 진 tip

이곳은 노을이 예쁘기로 유명하다. 맑은 날
오후 노을이 지면 고분에 그림자가 생겨
풍경이 매우 입체적으로 보이고, 가운데 홀
로 서 있는 나무와 고분의 그림자가 길어
지면 더욱 입체적인 느낌을 준다.

주소 경기도 포천시 신북면 청신로 947번길 35 허브아일랜드
운영 시간 평일 10:00~21:00, 토요일·공휴일 10:00~22:00, 매주 수요일 휴무
가는 법 소요산역(지하철 1호선) → 소요산역 정류장에서 57, 57-1번 버스 → 허브아일랜드 정류장 하차 → 도보 8분
입장료 일반 10,000원, 어린이·장애인·노인·국가유공자 8,000원
etc 반려동물 입장 금지

—

허브아일랜드는 허브의 원산지인 지중해를 콘셉트로 한 이색적이고 다양한 볼거리가 있는 곳이다. 대부분 건물에서 유럽에 온 것 같은 분위기를 느낄 수 있을 뿐만 아니라 계절마다 다양한 축제가 있어 4계절 모두 방문하기 좋다. 허브아일랜드는 크게 네 개의 존으로 구분되어 있는데 유럽식 힐링센터와 허브 박물관이 있는 힐링 존, 산타가 가득한 산타 존, 곤돌라를 탈 수 있는 수로와 허브성이 있는 베네치아 존, 베이커리 등 휴식을 취할 수 있는 향기 존이 그것이다. 그중 힐링 존의 스카이허브팜에는 여름엔 라벤더, 가을엔 핑크뮬리가 심어져 있어 인기가 많다. 오르막길이 조금 가파르지만 길목에는 예쁜 조형물이 있고 트랙터를 타고 올라갈 수도 있다. 베네치아 존은 베네치아의 모습을 아주 작은 마을처럼 꾸며놓았는데 곤돌라를 탈 수 있

탑승할 수 있는 트랙터

는 수로를 중심으로 작은 건물들에 둘러싸여 색다른 느낌을 준다. 관람 외에도 허브와 관련된 다양한 체험 패키지가 있어 힐링이 필요한 사람이라면 남녀노소 상관없이 즐길 수 있다.

힐링센터

인생사진 tip

라벤더와 핑크뮬리가 만개하는 기간에 방문한다면 허브아일랜드 안에 있는 스카이 허브팜에서 예쁜 사진을 찍을 수 있다. 가운데 있는 이국적인 건물을 배경 삼아 꽃밭 한가운데서 사진을 찍으면 좋다.

함께가기 비둘기낭폭포

비가 많이 온 이후가 아니면 폭포수를 보기 쉽지 않지만 티 없이 맑은 에메랄드 물빛을 볼 수 있는 곳이다. 주상절리와 숲으로 둘러싸여 신비로운 느낌을 준다. 비둘기 둥지처럼 움푹 파인 모습을 하고 있어 비둘기낭폭포라는 이름이 붙여졌다.

주소 경기도 포천시 영북면 대회산리 415-2

주소 경상남도 통영시 한산면 매죽리 소매물도
가는 법 거제 저구항 출발(45분 소요) 대인 26,300원, 소인 13,200원, 주차료 없음 ◦ 통영 통영여객선터미널 출발(70분 소요) 대인 29,800원, 소인 17,450원, 주차료 5,000원
(매물도해운(www.maemuldotour.com)에서 예약하면 할인 가능)

—

등대가 있는 작은 섬과 연결된 소매물도는 통영항에서 약 26km 남단에 떨어져 있는 섬이다. 통영의 여객터미널에서 1시간 15분, 거제도 저구항에서 약 30분 정도 배를 타면 갈 수 있다. 수직 해안절벽을 따라 다양한 암석들이 경관을 이루고 있어 통영 8경 중 제5경에 해당한다. 풍경이 아름다워 소매물도에서 등대섬으로 이어지는 트래킹코스가 백패커와 트래커들에게 인기가 많다. 등대섬이 쿠크다스라는 과자 광고에 등장해 쿠크다스 섬이라고도 불린다.

배를 타고 선착장에 도착하면 바로 앞에 작은 마을이 있다. 민가는 이곳에 다밀집해있기 때문에 소매물도의 모든 여정은 여기서 시작된다. 트래킹은 망태봉 전망대를 지나게 되는데 전망대에 올라서면 등대섬이 보인다. 깎아지르는 절벽과 숲 사이로 등대 하나가 우두커니 서 있는 것이 이국적으로 보인다. 등대섬까지 모두 둘러보게 된다면 3시간 이상 걸리는 거리이기 때문에 미리 음료나 간식거리를 챙길 필요가 있다.

tip

모세의 바닷길처럼 물이 갈라져 소매물도에서 등대섬까지 걸어 들어갈 수 있다. 그러기 위해서는 하루 두 번 썰물 시간을 맞춰야 한다. 하지만 날에 따라 바닷길이 열리지 않는 날도 있으니 '국립해양조사원 홈페이지(www.khoa.go.kr)의 [해양정보]-[해양생활]-[바다갈라짐]에서 확인해야 한다.

주소 경기도 남양주시 조안면 북한강로 398

전화 031-590-2783

입장료 없음

주차료 30분 600원(공용 자전거 정류장 있음)

가는 법 청량리역 환승센터(1번 승강장) → 버스 167번 → 진중리 조안면체육공원 정류장 또는 조안면 복지회관 정류장 하차 → 도보 5분 ⊙ 운길산역(지하철 경의중앙선, 1번 출구) → 도보 10분

—

만화에 나올 것 같은 이름을 가진 물의정원은 5월이 되면 온통 붉은빛으로 물든다. 끝이 보이지 않는 양귀비밭과 북한강이 조화롭게 어우러지는 풍경은 이 시기를 놓치면 볼 수 없다. 물의 정원은 2012년 한강 살리기 사업으로 조성한 484,188m2의 광대한 수변 생태공원으로 경기도 남양주에 위치하고 있다. 물의정원의 상징인 뱃나들이교를 건너면 본격적으로 푸른 정원이 펼쳐진다. 자전거길과 산책로가 북한강 변을 따라 조성되어 있어 아이들과 함께 걷기에도 좋고 라이딩 코스로도 유명하다. 물의정원은 5월의 양귀비뿐만 아니라 8월에 연꽃, 9월에 코스모스로 유명하다.

（tip）

물의정원 내에는 따로 매점이 없기 때문에 음료 등을 미리 준비해야 한다. 대신 주차장 쪽에 카페 트럭이 있다. 제1, 2주차장은 평소에는 유료지만 일요일, 공휴일은 무료다. 제3주차장은 평일에 무료지만 물의정원 입구까지 약 500m 가량 떨어져 있다.

함께가기 능내역

1956년 간이역으로 운영하다가 2008년
에 폐역이 되었다. 추억여행을 테마로 복
고풍으로 장식되어 있고 내부에는 추억거
리들이 전시되어 있어 세월의 흔적을 느낄
수 있다.

주소 경기도 남양주시 조안면 다산로
566-5

주소 전라남도 신안군 임자면 대기리 산 295(신안튤립공원)

주차장 있음(주차료 없음)

입장료 성인 10,000원(비축제 기간 5000원), 청소년·군인 4,000원, 어린이 2,000원

—

임자도는 원래 배로 30분 정도 가야 하는 섬이었는데 2021년 3월 19일 임자대교가 개통되면서 자동차로 다닐 수 있게 되었다. 매년 봄이 되면 신안 임자도에서는 대규모의 튤립축제가 열리는데, 더 이상 배를 타고 힘들게 가지 않아도 된다. 임자도 대광해변 인근에서 개최되는 신안튤립축제에서는 20여 종의 품종과 500만 송이의 튤립이 형형색색 줄지어 장관을 연출한다. 가운데 보이는 풍차와 단조롭게 배열된 단색 튤립들은 네덜란드의 튤립 밭을 떠오르게 한다. 하늘에서 보면 얼마나 깔끔하게 배열해 놓았는지 알 수 있다. 먼 거리임에도 불구하고 이국적인 풍경을 보기 위해 전국에서 많은 사람이 찾아온다.

튤립축제장은 바다와 맞닿아 있어 꽃과 함께 바다를 볼 수 있다. 튤립축제 기간에는 해변 곳곳을 튤립으로 꾸며놓기 때문에 조금 더 특별해진다. 그늘이 없으니 모자나 양산을 챙기는 것이 좋다.

해변과 맞닿아있는 튤립공원

대형전망대

대광해수욕장

다빈치광장의 시계탑 꼭대기에서 내려다 본 전경

주소 경기도 가평군 청평면 호반로 1073-56

운영 시간 09:00~18:00

입장료 대인 16,000원, 청소년 12,000원, 소인 9,000원

가는 법 버스: 동서울터미널, 상봉터미널에서 청평터미널행 버스 → 청평터미널 정류장에서 30-5번 버스 환승 → 쁘띠프랑스 정류장 하차 ● 지하철: 청평역, 가평역에서 가평 관광지 순환버스 → 청평역 하차 → 청평터미널 정류장에서 30-5번 버스 환승 → 쁘띠프랑스 정류장 하차

—

'피노키오와 다빈치'는 '콜로디' 재단과 정식 제휴를 맺고 지은 이탈리아풍 테마파크로 피노키오와 레오나르도 다빈치를 주 콘셉트로 한다. 콜로디의 풀네임은 카를로 콜로디인데 '피노키오의 모험'을 지은 작가다.

이탈리아 토스카나 지방을 모티브로 했기 때문에 현지 분위기가 상당히 강하다. 바닥의 돌부터 건축자재, 석상 등 많은 것들을 이탈리아에서 직접 공수해 왔다. 약 1만 평 부지에 자연미를 살려 조성한 건물이 중세 시대의 이탈리아 고성처럼 조성되어 있다. 입구에는 입장객을 팔 벌려 환영하는 거대한 피노키오를 설치해 동화 속으로 들어가는 느낌이 든다. 가장 먼저 제페토 골목이 나오는데 파스텔톤 색상과 곡선적인 건물은 마치 유럽

토스카나 전통주택에서 바라본
시계탑

에 온 것 같은 느낌이 난다. 건물은 전시관, 기념품관, 상가 등으로 구성되어 실제로 이용할 수 있는 공간이다. 좀 더 들어가면 다빈치 광장이 있는데 시계탑을 배경으로 피노키오가 벤치에 앉아있어 사진 찍기 좋다. 시계탑은 전망대인데 그 위로 올라가면 쁘띠프랑스의 지붕 너머로 청평호의 전경을 볼 수 있다.

바람의테라스

꼴로디광장

쁘띠프랑스

tip

이탈리아마을 피노키오와 다빈치는 바로 아래쪽에 있는 쁘띠프랑스와 통합권으로 함께 가면 좋다. 쁘띠프랑스는 다양한 문화 체험과 공연을 즐길 수 있고 프랑스 거리를 거닐고 있는 듯한 느낌을 주는 곳이다. 아이들의 꿈을 키우는 공간이자 함께 하는 어른들에게 동심을 떠올리게 하는 어린왕자를 콘셉트로 하고 있어 방문하는 모든 사람들에게 즐거움을 준다.

인 생 사 진 tip

제페토 골목은 각 나라 국기와 파스텔톤 건물로 둘러싸여 이탈리아마을에서 가장 이국적으로 보인다. 골목 중앙에 서서 사진을 찍으면 유럽 어느 마을 같은 착각을 불러일으킨다. 또한, 다빈치 광장의 시계탑 꼭대기에 올라가면 산을 등지고 있는 청평호와 쁘띠프랑스, 이탈리아마을 피노키오와 다빈치 풍경을 한눈에 담을 수 있다.

함 께 가 기 색현터널

자전거도로를 따라가다 보면 나오는 터널로 애니메이션에서나 볼 법한 풍경을 만날 수 있다. 아치형 프레임 안으로 담기는 동화 같은 배경 덕분에 사진 스폿으로 잘 알려져 있다. 자전거는 카페 '플로레'에서 대여할 수 있다.

주소 경기도 가평군 청평면 상천리 1628-3

주소 인천광역시 중구 차이나타운로59번길
가는 법 1호선 인천역(1번 출구) → 동쪽으로 도보 3분
—

한국 속의 작은 중국이라 불리는 인천 차이나타운은 금색과 붉은색으로 지어진 중국풍 건물과 다양한 중식당, 박물관, 한중문화관 등 중국 하면 떠올릴 수 있는 많은 것들로 가득하다. 1883년 인천항이 개항하고 이듬해 청나라 조계지가 설치되면서 형성되었다. 지금은 인천의 대표적인 관광지가 되어 많은 사람이 볼거리와 먹거리를 이유로 이곳을 찾는다.

붉은 건물은 대부분 중식당인데 유명한 곳은 항상 대기가 길어 기다려야 한다. 특히 1905년 한국 최초로 짜장면이라는 상표를 사용한 '공화춘'은 짜장면 박물관으로 이용되고 있고 하얀 짜장의 원조인 '연경'은 화려한 건물의 외관과 특별한 맛으로 다양한 TV 프로그램에 출연한 맛집이다. 중국 전통차, 전통 의상점, 도자기, 장식품 등 중국 문화를 엿볼 수 있는 가게도 흔히 볼 수 있다.

중식당 연경

카페 채널12

(함 께 가 기) 일본가옥거리

인천 차이나타운에는 중국뿐만 아니라 일본식 건물이 모여 있는 곳도 있다. 청일조계지 경계 계단을 중심으로 청과 일본의 건물이 확연히 나뉘어 있고 거리 곳곳에는 근대문화유산으로 지정된 건물도 있다. 여기에 맞춰 주변 건물도 일본식으로 지어져 짧게나마 일본 골목을 걷는 느낌을 받을 수 있다.

주소 인천광역시 중구 관동1가 24

(함 께 가 기) 카페 코히 별장

일본가옥거리에서 도보로 5분 정도 거리에 있는 일본풍 카페다. 입구만 보면 일본이라고 해도 과언이 아닐 정도로 일본스럽다. 2층으로 되어있고 아기자기한 소품과 함께 아늑하게 꾸며져 있다.

주소 인천광역시 중구 신포동 신포로35번길 22-1

주소 경상북도 안동시 상아동 412(폭포공원)

가는 법 안동역, 안동터미널 → 노하동 입구까지 도보→ 80, 11, 628번 버스 → 구)안동역 정류장 하차 → 3, 3-1번 버스 → 안동시립박물관 정류장 하차 → 도보 20분

—

안동 비밀의 숲으로 불렸던 낙강물길공원은 신비롭고 평화로운 분위기 때문에 입소문을 타는 중이다. 최근에는 비밀의 숲이라는 말이 무색할 정도로 전국에서 많은 사람이 찾아오지만 자연의 정취를 만끽하기 충분한 곳이다.

규모가 아주 크지는 않지만, 아기자기하게 힐링하기 좋은 요소들을 잘 갖추고 있다. 입구에는 작은 메타세쿼이아 나무가 한쪽으로 숲을 이루고 작은 연못이 그 사이를 메우고 있다. 연잎이 떠 있는 작은 못과 그 사이로 비치는 수풀, 작은 분수와 돌담길 등 평온함을 가져다 주는 풍경이 프랑스 화가 모네가 사랑한 지베르니와 닮았다고 해서 '한국의 지베르니'라 불리기도 한다. 울타리가 잘 보이지 않아 더 자연 친화적인 느낌을 준다. 분수는 바로 옆에 있는 안동댐에 저장된 물의 낙수 차를 이용한 무동력 분수이다. 곳곳에는 테이블과 데크 길이 있어 쉬어 가기 좋다.

분수와 작은 폭포

tip

산이 앞에 있고 나무가 커서 대낮에 방문하기보다는 3~4시 정도가 적당하다. 이 시간의 공원이 가장 햇살이 많고 아름다운 풍경을 연출한다. 가을의 막바지에는 메타세쿼이아 나무가 붉게 물들어 예쁜 가을 풍경을 볼 수 있다. 내비게이션이 잘못된 길을 알려주는 경우가 많으니 앞에서 안내한 주소를 정확하게 입력하고 가야 한다.

인생사진 tip

낙강물길공원 안쪽으로 들어가면 분수 앞
에 작은 돌 몇 개가 놓인 징검다리가 있다.
징검다리에 서서 분수를 배경으로 찍는 사
진이 이곳을 가장 대표하는 사진 스폿인데
주말이 되면 줄을 서야 할 정도로 인기가
많다.

함께가기 월영교

국내에서 가장 긴 목책 인도교이다. 낙강물
길공원에서 월영교까지 데크 길이 조성되어
방문하기 좋다. 밤에는 다리에 조명이 들어
오기 때문에 밤 산책으로도 유명하다.

주소 경상북도 안동시 상아동 502-1(공영주차장)

주소 전라남도 목포시 영산로29번길 6
운영 시간 09:00~18:00, 신정·매주 월요일 휴무
입장료 어른 2,000원, 청소년·군인 1,000원, 초등학생 500원
가는 법 목포역 → 60번 버스 → 유달산우체국 정류장 하차 → 도보 2분

—

목포역에서 도보로 15분 거리에 위치한 목포 근대역사관은 '호텔 델루나'의
촬영지로 알려진 구) 목포 일본영사관이 가장 눈에 띈다. 붉은 벽돌로 화려하
게 지어진 2층 구조 건물은 평지보다 조금 높은 곳에 있어 목포항을 내려다볼
수 있다.

화려한 외관과는 다르게 아픈 역사를 품고 있는데, 목포항이 개항했을 당시
목포에 거주하는 일본인의 권익을 위해 일본이 1900년에 지은 영사관이라는
것이 그것이다. 곳곳에 있는 장식과 문양에 남아있는 일본 흔적이 그 역사를
말하고 있다. 1907년까지 일본영사관으로 사용되었고 오랜 세월을 거치며 용

도가 여러 번 바뀌었지만 내·외관은
옛 모습 그대로 보존되어 있다. 목포
에 남아있는 근대건축물 중 가장 오
래되고 규모가 크며 현재는 사적 제
289호로 지정되어 목포 근대역사관
으로 사용되고 있다.

근대역사관 앞의 구시가지 골목에는

일본식 적산가옥을 비롯해 옛 건물이 그대로 남아있어 구경하는 재미가 쏠쏠하다. 적산은 적의 재산이라는 뜻인데 최근에는 여러 적산가옥이 카페, 게스트하우스, 음식점 등으로 리모델링되어 새로운 느낌을 주기도 한다.

tip

구시가지에 있는 목포 근대역사관 2관은 구) 동양척식주식회사 목포지점이다. 일제강점기의 대표적인 수탈 기관으로 사용되었고 5.18 당시엔 목포지역 주요 인사가 체포되어 구금되기도 했다. 그 외에 지금은 찻집으로 사용되고 있는 구) 목포부립병원 관사 건물과 목포 유일의 일제강점기 초등학교 건물인 유달 초등학교 구) 목포 공립 심상소학교) 등이 남아있다.

목포 근대역사관 2관

목포 근대역사관 앞 골목

인생사진 tip

근대역사관이 언덕 위에 위치해 사진 찍기
쉽지 않다면 골목으로 나와 멀리에서 찍는
것도 좋다. 골목 정면으로 역사관이 보이기
때문에 멋있게 찍을 수 있다.

함께가기 시화마을

영화 1987에서 주인공 연희의 집 배경이
된 '연희네슈퍼'가 있는 마을. 골목 곳곳에
마을의 역사가 담긴 예쁜 벽화와 시가 있
어 돌아보기 좋다. 아담한 옛 마을 느낌 때
문에 여러 드라마 촬영지가 되었고 마을
꼭대기로 올라가면 바다와 마을을 한눈에
볼 수 있다.

주소 전라남도 목포시 서산동 11-13

주소 충청북도 보은군 장안면 장재리 산4-14

운영 시간 09:00~18:00

가는 법 보은시외버스터미널에서 510, 511번 버스 → 갈목리 정류장 하차 → 도보 30분

—

조선 7대 왕 세조가 속리산 법주사로 행차할 때 산 경사가 너무 가파른 나머지 가마에서 내려 말을 갈아타고 올랐던 길이라고 하여 말티재라고 부른다. 해발 430m의 산을 13번이나 구불거리며 올라가야 하는데, 이런 신기한 모양은 말티재 전망대에서 확인할 수 있다. 정상에 설치된 전망대는 20m 높이로 그리 높지 않지만, 굽이굽이 꺾어진 도로와 그 뒤로 겹겹이 쌓인 속리산 전경을 한눈에 조망할 수 있다. 흥미로운 사실은 고려 태조 왕건이 말을 타고 속리산에 오르기 위해 얇은 돌을 깔아 길을 만들었는데, 그 길이 현재 그대로 아스팔트 도로가 됐다는 것이다.

전망대 뒤쪽으로는 말티재 터널이 있는데 모양이 상당히 독특하다. 터널 자체를 건물로 만들어 전시공간, 카페, 화장실 등을 갖춰 휴식공간으로 사용되고 있다.

말티재 터널

전망대에 서 있는 모습을 정면에서 찍게
되면 꼬불꼬불한 길이 잘 나오지 않는다.
약간 옆으로 이동해서 전망대 끝자락과 말
티재를 함께 찍어야 좋은 사진을 얻을 수
있다.

함 께 가 기 삼년산성

말티재 전망대에서 차로 10분가량 더 가면 삼년산성이 있다. 완성하는 데 3년이 걸렸다고 해서 삼년산성이라 부른다. 한 바퀴를 다 돌면 1시간 정도 걸리는데, 조금 더 올라가면 성벽 너머로 보은의 넓은 들판을 조망할 수 있다. 산성 안에는 보은사가 있다. 1970년대에 진행하던 복원 사업이 지금은 중단되었지만, 보존과 안전을 위해 성곽 위로 올라가지 말자. 관광객이 많지 않아 시끌벅적한 곳을 피하고 싶은 이들에게 추천한다.

주소 충청북도 보은군 보은읍 성주1길 104

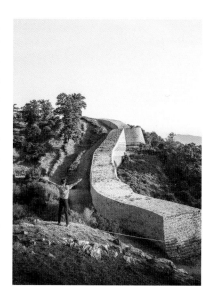

함 께 가 기 속리산말티재자연휴양림

말티재 전망대에서 조금 떨어진 곳에는 속리산말티재자연휴양림이 있다. 숲 사이로 레일바이크가 설치되어 편안하게 숲을 즐길 수 있다. 산책하며 푸른 정취를 즐겨도 좋고 레일바이크를 타며 숲을 누벼도 좋다.

주소 충청북도 보은군 장안면 속리산로 256

주소 인천광역시 중구 영종해안남로321번길 186
주차료 파라다이스 호텔 주차장 30분 무료, 10분 1,000원, 하루 24,000원
원더박스 1일 자유이용권 어른 28,000원, 어린이 20,000원

—

인천 파라다이스 시티 호텔은 다양한 체험 시설을 갖추고 있어 투숙을 하지 않더라도 한 번쯤 가볼 만하다. 호텔 자체가 규모가 크고 부대시설이 많아 즐길 거리가 많다. 호텔 외관은 마치 박물관 같은 느낌을 주는데 그중에서 플라자 내부는 외국의 큰 기차역에 들어온 것 같은 착각이 들 정도로 넓게 조성되어 있다. 곳곳의 조형물과 천장, 벽면 또한 디자인이 예사롭지 않다. 때에 따라 기획 전시를 열어 전시회 관람도 즐길 거리 중에 하나다.

특히 독특하게 생긴 건물 외관이 인기가 많은데 건물 앞에서 사진을 찍으면 여기가 한국인지 외국인지 구분이 되지 않을 정도다. 반쯤 노랗게 칠한 건물은 '크로마'라는 건물인데 멀리서 봐도 한눈에 보인다. 흰색과 노란색이 날카로운 경계를 가지고 있고 바라보는 각도에 따라 다양한 모습이 연출된다. 주름이 접힌 입구가 인상적인 건물로 들어가면 천장과 바닥이 거울처럼 만들어져 다른 공간에 들어온 것 같다. 또 다른 건물은 실내 놀이공원으로 사용하는 원더박스다. 그 외에도 야외정원에는 몇몇 전시물들이 있어

원더박스 외관

조용히 산책하기 좋다.

파라다이스시티 홈페이지에는 전시된 작품의 소개가 있으니 번호 순서대로 동선을 따라 감상해 보자.

함께 가기 하늘정원

하늘정원은 계절에 따라 유채꽃, 코스모스, 억새꽃이 만발한 들판을 볼 수 있는 곳이다. 공항과 가까워 비행기가 꽃밭 위로 낮게 날아가는 모습을 쉽게 볼 수 있다.

주소 인천광역시 중구 운서동 2848-6

함께 가기 하나개유원지

파라다이스시티에서 30분만 가면 도착하는 무의도 하나개유원지는 큰 개펄과 기암괴석, 드라마 〈천국의계단〉 세트장이 있는 곳으로 여름철이면 피서객으로 붐빈다. 근처에 해안산책로, 산림욕장 등 무의도의 자연경관을 만끽할 수 있는 곳이 많다.

주소 인천광역시 중구 무의동 95-4

주소 충청남도 아산시 탕정면 탕정면로 8번길 55-7, 아산시 탕정면 명암리 949-1
전화 041-547-2246
주차장 충청남도 아산시 탕정면 명암리 929-6(탕정면행정복지센터)
가는 법 아산역(1호선) → 777, 710, 770, 711번 버스 → 트라펠리스 정류장 하차
—

아산 대표적인 여행지인 지중해 마을은 유럽 어느 마을처럼 이국적이 느낌이
가득하다. 대부분의 건물이 흰색 벽에 파란색 또는 주황색 지붕이다. 건물은
크게 세가지로 나뉘는데, 새하얀 그리스 건물과 돔 형태의 지붕을 가진 산토
리니 구역, 대리석 기둥에 납작한 지붕이 올라가 우아한 느낌을 주는 파르테
논 구역, 파스텔톤의 아기자기하고 편안한 프로방스 구역이다. 마을은 총 66
동의 건물로 이뤄져 있으며 1층은 식당과 카페로 구성되어 있고 2층은 공방
이나 전시 체험 등 문화예술인을 위한 임대공간이 만들어져 있다. 3층은 마을
주민들이 실제로 거주하면서 마을을
관리하고 있다.

대기업이 전자제품 생산을 위해 산
업단지를 조성하면서 주민들이 다른
지역으로 이주했는데 그중 고향을
떠나기 싫었던 63명의 주민들이 재
정착하면서 만든 마을이라고 한다.

지중해마을 안에는 무료주차장이 있지만 주말에는 관광객으로 만차 되는 경우가 많다. 이 경우 지중해마을 앞에 있는 '탕정면행정복지센터'에 주차할 수 있다.

해가 지고 나면 곳곳에 있는 조명들이 켜져 또 다른 장면을 연출한다. 예쁜 건물에 불이 켜진 감성적인 느낌을 원한다면 저녁에 방문하는 것도 좋다.

지중해마을의 야경

함 께 가 기 현충사

충무공 이순신 장군의 정신과 위업을 선양하기 위해 1706년 아산에 지은 사당이다. 규모가 크고 내부가 잘 가꾸어져 천천히 걸으며 사색하기 좋다. 가을에는 붉게 물든 단풍들이 현충사를 가득 메우기 때문에 단풍 명소로 유명하다.

주소 충청남도 아산시 염치읍 현충사길 126

함 께 가 기 곡교천 은행나무길

가을이 되면 노랗게 물든 은행나무길이 곡교천을 따라 길게 이어진다. 약 2.2 km길이의 은행나무길은 현충사를 찾는 사람들이 꼭 들러야 하는 필수코스가 되었다.

주소 충청남도 아산시 염치읍 송곡리 243-2

주소 경기도 파주시 탑삭골길 260 퍼스트가든(상지석동 1021-3)

주차장 경기도 고양시 일산동구 탑삭골길 273-9(설문동 668)

운영 시간 10:00~22:00(입장 마감 21:00)

가는 법 마두역(지하철 3호선, 8번 출구) → 중앙버스정류장에서 90번 버스 → 능안리. 새 말 정류장 하차 → 도보 10분

입장료 대인: 평일 10,000원, 토·일·공휴일 12,000원 ⊕ 소인·장애인·경로우대·국가유 공자: 평일 9,000원, 토·일·공휴일 11,000원 ⊕ 유아·단체 별도문의(031-957-6864)

—

2017년 4월에 오픈한 약 20,000평 규모의 대규모 복합 문화 시설. 가장 큰 특 징은 허브, 바위, 장미, 파티 등 다양한 콘셉트의 테마정원이다. 입구에 있는 토스카나 광장부터 이국적인 느낌이 물씬 난다. 그중에서도 가장 인기가 많 은 곳은 포세이돈 석상 분수를 중심으로 한 자수화단 정원이다. 대부분의 방 문객이 이곳을 보러 찾아온다고 해도 과언이 아니다. 이외에 여러 신의 석상 과 규칙적인 자수화단, 제우스벽천 분수 등 전체적으로 유럽의 정원을 콘셉트로 가꾸어졌다.

다양한 즐길 거리가 있어 가족, 연 인, 친구와 함께 오기 좋은데, 아이 들이 좋아하는 동물농장에서는 먹이 주기 체험을 할 수 있고 '아이노리'라

이국적인 입구

는 놀이 시설에서는 바이킹, 범퍼카, 썰매장 등이 있어 별도의 금액을 추가로 지불하고 이용할 수 있다.

tip

계절마다 빛 축제가 열리는데 일몰 이후에 입장하면 형형색색 화려한 조명으로 꾸며진 정원을 즐길 수 있다. 빛 축제가 진행되는 시기는 1월부터 12월까지 총 4회이며 정확한 날짜는 홈페이지(firstgarden.co.kr)를 통해 알 수 있다.

자수화단 정원 가운데 있는 분수

함께가기 카페 뮌스터담

독일 감성이 물씬 나는 대형 베이커리 카페. 스케일이 크고 웅장하며 실내를 유럽 어느 거리처럼 꾸며놓은 곳이다. 멋스러운 벽화와 인테리어가 돋보인다. 실내뿐 아니라 야외에도 작은 호수와 숲이 조성되어 힐링하기 좋다.

주소 경기도 파주시 운정로 113-175

거 제 매 미 성

주소 경상남도 거제시 장목면 복항길
입장료 없음

—

거제도에는 아주 작은 성이 하나 있다. 성이라 부르기에는 너무 작고 조형물이라 하기에는 조금 크다. 한 사람이 쌓아 올려 만들었기 때문에 더 특별하게 인지되고 있다. 매미성은 2003년 태풍 '매미'로 인해 농사에 막대한 피해를 본 한 사람이 그때의 아픔이 반복되지 않도록 직접 돌로 축대를 쌓아 올리는 것에서 시작되었다. 돌을 쌓고 시멘트로 메우는 단순한 작업을 10년 이상 반복한 결과 유럽 중세시대의 성곽을 연상케 하는 모습이 되었다. 가까이서 보면 한 사람의 손으로 만들었다고 믿기지 않을 만큼 웅장하다. 성 앞으로는 푸른 바다가 시원하게 펼쳐져 있고 멀리에는 거가대교가 한눈에 들어온다. 석곽으로 삐져나온 나무들이 많은데 원래 자리하고 있던 나무를 훼손하지 않고 그대로 성과 함께 보존하였다고 한다. 이 성은 지금도 계속해서 만들어지는 중이다.

매미성은 지금도 계속 지어지고 있다. 성벽
위쪽은 꽤 높고 울타리가 없는 곳이 많으니
사진을 찍을 때 주의해야 한다.

인생 사진 tip

매미성 안쪽에는 바다가 보이는 아주 작은 통로가 있다. 이 터널 안에서 바다를 배경으로 사진을 찍으면 작은 성안에 들어온 것 같은 느낌을 연출할 수 있다.

함께 가기 거제식물원

매미성에서 약 30분 거리에는 우리나라 최대의 돔형 유리온실 식물원이 있다. 최고 높이가 30m, 돔에 사용된 유리만 7,472장으로 압도적인 느낌을 준다. 다른 곳에서 보기 힘든 다양한 열대 식물들과 함께 포토존이 형성되어 있어 거제 여행에서 꼭 추천하는 곳이다.

주소 경상남도 거제시 거제면 거제남서로 3595

주소 전라남도 담양군 담양읍 깊은실길 2-17

전화 061-383-1710

주차장 전용 주차장 있음(메타세쿼이아 랜드 주차장 이용가능)

주차료, 입장료 없음

가는 법 담양공용버스터미널에서 311-2번 버스 → 깊은실 메타프로방스 정류장 하차 →
도보 3분

—

우리나라에서 가장 아름다운 가로수길로 선정된 담양 메타세쿼이아 길옆에
는 프랑스 마을을 그대로 옮겨놓은 듯한 '메타프로방스'가 있다. 죽녹원(51쪽),
관방제림(48쪽)과 함께 담양 추천여행지로 거론되는 이곳은 걷다 보면 유럽
여행 중 마주칠법한 골목에 들어온 것 같다.
평소에는 잘 보이지 않는 잘 가꾸어진 뾰족
한 나무들과 온통 흰색인 건물, 붉은 벽돌로
만들어진 지붕이 눈에 들어온다.

메타프로방스는 크게 프로방스 단지, 카페
단지, 펜션 단지, 아웃렛 단지, 담양곤충박물
관으로 구성되어 있다. 전체 면적은 4만 평
정도로 카페, 펜션, 음식점뿐만 아니라 공방,
놀이 시설, 의상대여소 등 다양한 볼거리와
먹거리가 있다. 특히 담양의상실에서는 개화

기의 의상을 대여해 주고 있어 특별한 추억을 만들 수 있다.

특별히 좋은 점은 주차장이 따로 마련되어 내부에 차가 다니지 않는다는 것이다. 광장과 상가 사이를 걸어도 한국식 간판이 잘 보이지 않는다는 것도 이곳을 오롯이 즐길 수 있게 해주는 요소이다.

(인 생 사 진) tip

유럽에 온 것 같은 느낌으로 사진을 찍고
싶다면 광장보다는 펜션 단지 골목으로 갈
것을 추천한다. 흰색 벽과 주황색 지붕 건
물이 줄지어 있어 이국적이고 깔끔한 사진
을 찍을 수 있다.

(함 께 가 기) 메타세쿼이아 길

담양 하면 많은 사람이 떠올리는 곳으로
메타프로방스 바로 앞에 있어 함께 가기
좋다. 대한민국에서 가장 아름다운 가로수
길로도 지정된 이곳은 여름에는 푸르고 가
을에는 붉게 물들어 계절별로 다른 느낌을
준다.

주소 전라남도 담양군 담양읍 메타세쿼
이아로 12(매표소)

주소 전라북도 군산시 구영1길 17
운영 시간 화~일 10:00~17:00, 매주 월요일 휴무
전화 063-454-3315
가는 법 군산역(장항선) → 군산역 정류장 → 17, 18, 19번 버스 → 군산여고 정류장 하차 → 도보 5분

—

1925년 건립되어 일본인 지주 히로쓰가 거주하던 곳이다. 영화 '타짜'의 등장 인물인 평경장의 집으로 알려져 있으며 '장군의 아들', '범죄와의 전쟁' 등 많은 한국 영화와 드라마가 촬영되었다. 2층 목조주택으로 내부에는 아담한 일본식 정원이 꾸며져 있다. 규모가 크고 원형이 잘 보존되어 있어 일제강점기 군산에 거주했던 일본 상류층의 생활양식을 엿볼 수 있다. 현재 국가등록문화재 제183호로 지정되어 있다.

(tip)

정원을 관람할 때는 돌에 걸려 넘어지지 않도록 주의한다. 문화재 보호를 위하여 실내 개방은 하지 않는다.

건물의 내부

여미랑(구) 고우당)

신흥동 일본식 가옥을 둘러봤다면 일본식
가옥을 체험할 수 있는 게스트하우스 겸 찻
집인 여미랑도 들러보자. 일제강점기의 아
픔을 되새기고자 만들어진 근대역사 체험
공간이자 숙박시설이다. 숙박을 이용하지
않더라도 건물 앞에 있는 연못과 외관을 둘
러볼 수 있으며 카페도 운영하기 때문에 차
를 마시며 쉬어갈 수 있다.

주소 전라북도 군산시 구영6길 13

동국사

여미랑에서 도보 5분 거리에 국내에서 유일
하게 남아있는 일본식 사찰 동국사가 있다.
일제 강점기 때 일본인에 의해 지어졌기 때
문에 건축물의 양식이나 분위기가 다른 사
찰과는 많이 다르게 느껴진다.

주소 전라북도 군산시 동국사길 16 동국사

주소 제주특별자치도 제주시 조천읍 함와로 566-27
가는 법 제주국제공항 → 111, 131, 121번 버스 → 봉개동 정류장에서 260번 버스로
환승 → 지경동산 정류장 하차 → 도보 10분

—

제주도에서 스위스 감성을 느끼고 싶다면 조천읍에 있는 스위스마을로 가자.
이곳은 관광지라기보다는 숙박 시설과 상가로 구성되었는데 1층은 카페와 공
방 및 상가이고 2, 3층은 숙박 시설이다. 다채로운 색으로 칠해진 건물이 줄지
어 있고 다양한 상가와 포토존이 가득하다.

스위스마을은 전체가 하나의 단지로
계획되었기 때문에 모든 건물 모양
이 거의 같다. 이러한 동일성 때문에
좀 더 정갈하게 느껴진다. 상가는 아
기자기한 소품으로 꾸며져 있어 보는
재미가 있다. 주변에 높은 건물과 산
이 없어서 언덕이나 건물 위에서 바
라보면 멀리 바다도 조망할 수 있다.
부지 자체가 아주 크지는 않지만 아
담한 시계탑 광장과 여러 포토존 등
소소한 즐길 거리가 있다.

함께가기 간조길

정확한 명칭이 없는 이곳은 하루에 딱 2번 간조에만 드러나는 바닷길이다. 제주 김녕 바닷길 또는 봉지동 이끼길이라고도 불리는데 청굴물·세화해변·별방진·하도해변·오조포구 등과 함께 방문하기 좋다. 봉지동 복지회관 앞에 있는데 푸른 바다 사이로 서서히 드러나는 이 신비로운 바닷길은 흔히 볼 수 없는 특별한 느낌을 준다. 바다타임닷컴(www.badatime.com)에서 간조길과 가장 가까운 김녕항을 검색해 물때표를 확인할 수 있다.

주소 제주특별자치도 제주시 구좌읍 김녕로1길 51-3 (복지회관)

함께가기 비밀의숲

흔히 '안돌오름 비밀의숲'이라고 불리는데 실제로 안돌오름은 비밀의숲 뒤쪽에 있다. 제주의 숨은 명소였던 신비로운 숲이었다가 지금은 많이 알려져 너도나도 찾는 명소가 되었다. 시원하고 청량한 편백나무 숲과 길이 반복되는 구조지만 여행 중 가볍게 들러 예쁜 사진을 남기기 좋다.

주소 제주특별자치도 제주시 구좌읍 송당리 2173

2

분위기 좋은

이국적인
국내 카페

my best travel spot

주소 경상남도 하동군 악양면 악양서로 346-1 매암차문화박물관
운영 시간 10:00~18:00, 매주 월요일 휴무
가는 법 하동역(경전선) → 하동버스터미널에서 중기행 버스(매일 2회 운행) → 악양 정류
장 하차 → 도보 1분
—

매암차박물관과 함께 운영되는 카페. 포토존으로 유명한 곳이 바로 매암차문
화박물관이며 1926년에는 일본 규슈대학의 관사로 사용되었다. 당연히 일본식
건물이며 지금은 차와 관련된 다양한 유물을 전시하고 있다. 박물관과 함께 운
영되는 다방에는 친환경 농법으로 재배된 찻잎과 전통 제다법으로 만든 차를
마실 수 있다.
카페 안에도 창이 많아 경치를 감상할 수 있지만 야외에도 테이블이 넉넉하게
놓여 있으니 참고하자. 아담하게 펼쳐진 녹차밭은 정원처럼 꾸며져 포토존으
로 인기가 있고 산책로가 좋으니 걸어봐도 좋다. 찻잔세트는 다방에서 무료로
대여해 준다.

주소 충청남도 천안시 동남구 북면 위례성로 782
운영 시간 매일 11:00~22:00
가는 법 천안역(경부선, 1번 출구) → 천안역 동부광장 정류장에서 381번 버스 → 솔바람 가든 정로장 하차 → 도보 1분

—

교토리는 천안 외곽의 작은 도로를 따라 가다보면 나온다. 이름처럼 교토의 작은 집을 연상시키는 일본 감성 인테리어가 특징이다. 복잡한 시내가 아닌 주위에 건물이 잘 없는 한적한 시골에 위치해 '힐링 카페'라는 말이 잘 어울린다. 1층 벽에는 동그란 구멍이 있고 야외에 앉을 수 있는 테이블이 있다. 특히, 카페 바로 앞에는 계곡이 흐르기 때문에 날씨가 좋을 때는 자연과 함께 즐길 수 있다. 2층은 다다미방 느낌 나는 좌석이 있고 큰 창으로 산이 보인다.

주소 제주특별자치도 서귀포시 칠십리로 228-13
운영 시간 매일 10:00~18:30(라스트오더 18:00)
가는 법 제주국제공항 → 제주국제공항 정류장에서 600번 버스 → 파라다이스호텔입구 정류장 하차 → 도보 10분

—

허니문하우스는 원래 리조트로 사용되던 건물을 개조해 카페로 만들었다. 그래서인지 아름다운 자연과 함께 독특하고 이국적인 모습을 볼 수 있다. 주차장에서도 조금 걸어가야 하는데 카페까지 가는 산책로가 잘 꾸며져 지루하지 않게 걸어갈 수 있다. 카페에 들어서자마자 분위기가 너무 좋아 연신 셔터를 누르게 된다. 실내도 매우 넓고 통유리창을 통해 오션 뷰를 감상할 수 있다. 화이트톤 벽면과 빈티지한 소품으로 인테리어 되어 있다. 야외 테라스로 나가면 카페에서 보는 풍경이라고는 믿기 힘들 정도로 잘 꾸며져 있고 테라스 앞 숲길은 올레6코스로 이어진다.

주소 경기도 의정부시 동일로 204 카페 아를
운영 시간 10:00~21:00 (15:00 - 17:00 브레이크타임)
가는 법 장암역(7호선, 1번 출구) → 석림사입구 정류장에서 72-1, 12-5번 버스 → 쌍암사
입구 정류장 하차 → 도보 2분 ◎ 장암역에서 도보 15분

—

프랑스 남부 도시 아를이 배경이 되어 이국적인 정취를 느낄 수 있는 복합 테
마 카페. 새로운 예술촌 건설을 바라는 마음으로 프랑스 문화와 음식, 예술,
음악까지 공존하는 쉼터로 만들어 졌다.

아를은 빈센트 반 고흐의 작품에서도 많이 등장하는데, 카페에 앉아 있으면
작품 속 도시로 들어간 것 같은 기분이 든다. 다양한 색채의 문과 유럽 분위
기 인테리어는 인생 사진을 남기기 좋아 많은 사람이 찾는다. 실내보다는 야
외 정원이 더 유럽 느낌이 난다. 식사를 할 수 있고 빵과 디저트도 준비되어
있다.

주소 제주특별자치도 서귀포시 안덕면 산방로 141
운영 시간 매일 09:00~20:00
가는 법 제주국제공항 → 제주국제공항 정류장에서 182번 버스 → 창천리 정류장
752-2번 버스 환승 → 산방산 정류장 하차 → 도보 10분
—

앞으로는 탁 트인 제주 바다와 뒤로는 멋진 산방산을 함께 감상할 수 있는 곳.
감각적으로 디자인된 카페와 곳곳에 심어져 있는 야자수는 이곳을 더욱 이국
적으로 보이게 한다. 카페 내부는 바다를 향해 창을 열 수 있는 좌석이 있고
테라스와 루프탑까지 있어 자연을 감상하기에 좋다. 이곳에 있으면 마치 동
남아의 어느 휴양지에 온 것 같다. 카페 앞으로는 제주에서 가장 길고 고요한
황우치해변이 이어져 있어 산책을 하기에도 좋다. 경이로운 풍경답게 '전 세
계 단 한곳뿐인 뷰와 분위기를 품다'라는 슬로건을 내세우고 있다. 음료뿐만
아니라 브런치도 함께 판매하고 있다.

주소 전라남도 여수시 돌산읍 무술목길 142-1
운영 시간 매일 09:00~20:00(라스트오더 19:30)
가는 법 고속철도: 여수역 → 여수엑스포역 L정류장에서 111번 버스 → 굴전 하차 →
도보 20분 ◦ 버스: 여수종합버스터미널에서 100번 버스 → 안굴전 하차 → 도보 8분
—

시원한 바다를 한 눈에 볼 수 있는 오션 뷰 베이커리 카페. 이곳이 특별한 이
유는 전 좌석이 드넓은 바다를 조망하는 뷰를 가지고 있기 때문이다. 중간에
보이는 섬들이 심심한 풍경을 채워주고 유리창 프레임으로 그림 같은 여수 바
다를 감상할 수 있다. 라피끄는 사진으로 담기 힘들만큼 큰 규모를 자랑하는
데 루프탑, 테라스, 복층, 포토존뿐만 아니라 지하로 내려가면 해변 몽돌밭으
로 연결되어있고 야외에는 바다 산책로가 형성되어 있다. 미디어아트 조각공
원, 스카이워크 짚라인 등 다양한 즐길 거리가 있는 여수예술랜드와 이어져
있으니 카페를 둘러본 후 가보는 것도 좋겠다.

주소 경상북도 포항시 남구 호미곶면 구만길 224
운영 시간 매일 09:00~20:00(라스트오더 19:30)
가는 법 포항역(고속철도) → 포항역 정류장에서 9000번(시내행) 버스 → 구룡포수협호미
곶 정류장 하차 → 도보 10분

—

온통 흰색으로 된 정갈한 풀빌라 펜션 '스타스케이프' 사이에 위치한 조용한
카페는 포항 구룡포에 있다. 카페 앞에 보이는 건물들은 숙소 건물인데, 2021
경상북도 건축문화상 대상을 수상한 만큼 군더더기 없이 깔끔한 디자인이 근
사하다. 가운데 있는 푸르고 맑은 수영장은 바람이 잔잔한 날에는 건물의 반
영이 생겨 이곳을 더욱 신비롭게 만든다. 카페의 통유리 너머로 바다가 빼꼼
히 보이고 가끔 지나가는 배를 볼 수 있다. 야외에도 벤치가 있어 바다를 한눈
에 감상하며 음료를 즐길 수 있다.

주소 인천광역시 계양구 다남로143번길 12 카페&꽃집 로즈스텔라정원

운영 시간 매일 11:00~18:30(라스트오더 18:00), 매주 일·월요일 휴무

가는 법 계양역(1번 출구) → 77, 583번 버스 → 다남동소촌마을입구 정류장 하차 → 도보 2분

etc 노키즈존, 반려동물 출입금지

—

유럽 감성 정원이 있는 플라워 카페. 계절마다 다양한 꽃이 피는 작은 정원은 언제 가도 동화 같은 분위기를 즐길 수 있는 곳이다. 입구부터 초록색 식물들이 줄지어 있어 모르는 사람이 봐도 그냥 지나치기 힘들다. 특히 6월은 정원 가득 수국이 피어 가장 인기가 많은 달이다. 건물 옆에는 '작가의 방'이라는 별관이 있는데 많은 사람들이 사랑하는 사진 스폿이다. 별관 내부는 앤티크 한 감성으로 꾸며져 있는데 이곳에서는 음료를 마시면 안 된다. 별관 맞은편 유리온실도 다양하게 즐길 수 있다.

주소 경기도 고양시 일산동구 고양대로 1124 포레스트아웃팅스

운영 시간 매일 10:00~22:00(라스트오더: 키친 20:00, 음료 21:00)

가는 법 백마역(경의중앙선, 1번 출구) → 11번 버스 → 식사오거리. 영심동 마을 정류장 하차 → 도보 4분

—

외관은 벽돌로 지은 큰 창고처럼 생겼지만 내부는 완전히 반전이다. 1층에는 식물로 가득한 정원이 있고 2층과 3층 곳곳에도 식물이 많다. 홀에는 커다란 식물이 빼곡하게 심어져있어 그 사이로 들어가면 식물원에 온 것 같다. 카페는 3층으로 되어 있는데 가운데 홀이 3층 천장까지 이어져있어 장대한 느낌을 준다. 큰 창문이 많아 채광이 좋고 어딜 봐도 보이는 초록색은 눈을 맑게 해주는 것 같다. 음료와 디저트 외에도 파스타와 피자 등도 있다.

주소 경기도 평택시 포승읍 만호리 697-17

운영 시간 매일 10:00~21:00

가는 법 평택역(1번 출구) → 평택역.AKPLAZA 정류장에서 80번 버스 → 만호리입구 정류장 하차 → 도보 2분

—

국내에서 뉴욕을 즐길 수 있는 카페 겸 복합문화공간. 뉴욕 거리를 연상케 하는 건물 벽화와 실제 운영하는 올드타운 버스가 메인 포토존이다. 입구는 뉴욕의 지하철문을 형상화했고 벽면 스크린에는 실제 뉴욕 지하철 영상과 이곳에서 촬영한 연예인 영상이 나온다. 메인스트리트는 4층으로 되어있는데 1층은 베이커리와 가족놀이방, 2층은 수제 햄버거, 3층은 레스토랑과 2D 카페, 4층은 루프탑과 포토존이 있다. 총 3천 500평에 달하는 압도적인 규모와 뉴욕 콘셉트로 많은 연예인이 다녀가고 SNS에서 화제가 되어 평택을 대표하는 카페가 되었다.

주소 경기 양주시 백석읍 기산로 423-19
운영 시간 11:00~21:00(주말 10:00부터, 라스트오더 20:30)
—

식물과 자연을 좋아하는 분이라면 꼭 추천하고 싶은 카페. 외관만 봤을 때는
전혀 상상이 안 되는 식물원 같은 실내 모습이 반전으로 다가오는 곳이다. 식
물에 둘러싸인 자리뿐만 아니라 깔끔하게 유리창 너머로 구경할 수 있는 자리
가 나누어져 있어 취향대로 즐길 수 있다. 공간이 여러 개로 분리되어 있지만
모든 경계가 유리창과 난간으로 되어 있어 탁 트인 개방감이 느껴진다. 안쪽
을 둘러보면 울창한 숲과 연못까지 있어 작은 열대우림을 가져다 놓은 것 같
다. 계절에 따라 조금씩 다른 꽃도 보이고 가운데는 식물을 판매하는 코너도
있다.

주소 제주특별자치도 서귀포시 성산읍 섭지코지로25번길 64
운영 시간 매일 09:00~19:45(라스트오더 18:20, 입장마감 19:00)
가는 법 제주국제공항 → 제주국제공항1 정류장에서 111번 버스(표선, 성산, 남원행) →
고성환승정류장 하차 → 도보 18분
—

드르쿰다는 초대형 스튜디오 카페로 음식과 음료, 다양한 테마의 포토존, 해
변길, 카라반 캠핑 등으로 즐길 거리가 아주 풍부하다. 음료를 구입하면 손목
에 찰 수 있는 패스권을 주는데 시작부터 놀이공원에 온 것 같다. 입구에는 포
토존이 줄지어있는 빈티지 마을과 몽골에서나 볼법한 게르, 회전목마 등이 있
다. 이곳의 메인 포토존인 드르쿰다 캐슬은 아담하지만 축소된 디즈니 성 같
은 느낌을 준다. 포토존을 지나면 마지막에 드르쿰다 해변으로 갈 수 있는데
성산 일출봉이 보이고 파도가 잔잔해 산책하기 좋다.

주소 경상북도 포항시 북구 홍해읍 해안로 1744 2동
운영 시간 매일 10:00~20:00, **전화** 010-3596-0806
촬영 및 대관료 2시간 15만원(폰카메라 제외)
가는 법 포항역(고속철도) → 달전리 정류장에서 308번 버스 → 홍해환승센터 정류장에서 청하 4번 버스 환승 → 소소정 정류장 하차 → 도보 11분
—

포토피아는 이름처럼 사진촬영을 위해 만들어진 스튜디오겸 카페이다. 콜로세움 모양의 건물만 봐도 유럽을 테마로 하고 있는 것을 알 수 있다. 이 건물은 4층으로 이루어져 있고 각 층마다 다양한 테마로 꾸며져 있다. 스튜디오 안에도 곳곳에 테이블과 벤치가 있어 이국적인 분위기와 함께 음료를 마실수 있다. 4층은 루프탑으로 되어있는데 포항 바다와 들판이 한눈에 들어온다. 건물 내부뿐만 아니라 외부도 정원처럼 잘 꾸며져 사진 찍기 좋다. 주의할 점은 스튜디오 건물 안에서는 핸드폰 카메라 외의 사진기로는 촬영이 불가능하며 다른 카메라를 사용할 경우 이용료를 따로 지불해야한다.

주소 전라북도 군산시 옥도면 무녀도동길 117
운영 시간 매일 09:00~20:00(토요일 21:00까지)
가는 법 군산시외버스터미널 → 도보 2분 → 시외버스터미널 정류장 → 10, 11, 12, 13, 15, 16번 버스 → 군산대정문 정류장에서 99번 버스 환승 → 무녀도관광안내소 정류장 하차 → 도보 5분

—

군산 무녀도에 있는 이색적인 '무녀2구마을버스' 카페는 버스를 개조해서 만들었다. 가장 눈에 띄고 유명한 노란색 버스는 스쿨버스를 개조한 것으로 내부가 상당히 아기자기하고 예쁘게 꾸며져 있다. 테이블도 바다 쪽으로 놓여있어 군산 바다를 조망할 수 있다. 분홍색, 파란색 버스도 모두 안쪽에 테이블이 있다. 이곳에서는 음료 외에 햄버거 세트를 판매하며 버스가 아니더라도 내부에 테이블이 있어 원하는 자리에 앉아서 먹으면 된다. 카페 앞으로는 '쥐똥섬'이라 불리는 작은 섬이 있는데 썰물 때는 길이 열려 걸어서 섬에 다녀올 수 있다.

주소 충청남도 천안시 동남구 풍세로 706
운영 시간 매일 08:00~22:00, 연중무휴
전화 041-578-0036
가는 법 천안아산역(2번 출구) → 도보 6분 → 패션2광장 정류장에서 21번 버스 → 쌍용이마트 정류장 7번 버스 환승 → 현대까치아파트 하차 → 도보 2분

—

베이커리 단지를 작은 마을처럼 꾸며놓은 곳이다. 상가가 크고 작은 건물로 나뉘어있어 빵을 만드는 곳부터 체험하고 판매하는 카페까지 다양하게 구성된다. 그 안에는 호빗이 살 것 같은 건물이 한곳에 꾸며져 있는데 동화 같은 건물 때문에 대표적인 포토존이 되었다. 사진촬영을 위해 만들어놓은 것이 아니라 실제로 사용되는 건물이다. 빵돌가마마을은 베이커리라 하기엔 규모가 작은 학교 정도 되어서 소규모 테마파크라고 해도 된다. 카페를 이용하고 사진도 찍으면서 둘러보면 그 자체로 여행이라 할 수 있다.